W0233432

/ v

— natürlich oekom! —————————

Mit diesem Buch halten Sie ein echtes Stück Nachhaltigkeit in den Händen. Durch Ihren Kauf unterstützen Sie eine Produktion mit hohen ökologischen Ansprüchen:

o 100 % Recyclingpapier
o mineralölfreie Druckfarben
o Verzicht auf Plastikfolie
o Kompensation aller CO_2-Emissionen
o kurze Transportwege – in Deutschland gedruckt

Weitere Informationen unter www.natürlich-oekom.de
und #natürlichoekom

Bibliografische Information der Deutschen Nationalbibliothek:
Die Deutsche Nationalbibliothek verzeichnet diese Publikation
in der Deutschen Nationalbibliografie; detaillierte bibliografische
Daten sind im Internet über www.dnb.de abrufbar.

© 2021 oekom verlag, München
oekom – Gesellschaft für ökologische Kommunikation mbH
Waltherstraße 29, 80337 München

Lektorat: Dr. Wolfgang Doktor
Layout und Satz: Reihs Satzstudio
Korrektur: Maike Specht
Umschlaggestaltung: Mirjam Höschl, oekom verlag
Illustrationen: © Elham Vahdat
Druck: AZ Druck und Datentechnik GmbH

ISBN 978-3-96238-327-5

Astrid von Soosten
Beate Haverkamp

Mit Haltung zum Wandel

*Plädoyer
für eine authentische Kultur
der Unternehmensführung*

Inhaltsverzeichnis

Teil 1
Grundgedanken

Teil 2
Haltung

Teil 3
Impulse für den authentischen Weg

Inhaltsverzeichnis

Kurz und bündig

Globalisierung, Digitalisierung und Klimakrise lassen keinen Zweifel, dass althergebrachte Rezepte zur Unternehmensführung auf Dauer nicht nur nicht mehr funktionieren, sondern uns bremsen oder sogar zurückwerfen, wie zahlreiche Studien belegen und die Medien immer wieder berichten.

Veränderung ist also nötig. In vielen Unternehmen und Organisationen sind deshalb bereits Changeprozesse an der Tagesordnung und vermutlich auch keine Neuigkeit mehr für Sie. Die Erfolgsquote dieser Prozesse bleibt jedoch überschaubar.

In diesem Buch geht es darum, welchen Beitrag Sie – ja, Sie persönlich – dazu leisten können, unsere Welt lebenswert mitzugestalten, während Sie gleichzeitig ein Unternehmen wirtschaftlich stabil durch diese Zeiten lenken. Es beschäftigt sich damit, Ihnen als Entscheidungsträger:in und Führungskraft Mittel und Möglichkeiten sichtbar zu machen, die in einem Unternehmen oder einer Organisation zur Verfügung stehen, um authentisch in eine gute Zukunft zu führen.

Dieses Buch entwirft einen neuen Weg, der über die Veränderung der Haltung von Menschen in Führungspositionen eine neue Organisationskultur etabliert. Im Wesentlichen besteht dieser Weg darin, isolierte und insulare Betrachtungen von Handlungszusammenhängen gegen ein sinnhaftes globales und zukunftsfähiges Gestaltungsmodell einzutauschen.

Dieses Buch will zeigen, was ein werteorientierter Haltungswandel für eine Organisation und eine Person bedeuten kann. Das zentrale Element dieses Wandels ist die Werte-Reorientierung auf der Basis von Wahrhaftigkeit. Diese Reorientierung erfordert konsequenterweise auch ein neues, auf dem Prinzip der Wahrhaftigkeit gründendes Organisationsmodell: eine *authentische Organisation*. Der Haltungswandel und die Gestaltung einer authentischen Organisation sind Antworten auf und Ausweg aus dem »besser, schneller, höher« und der Komplexitätsdynamik unserer Zeit.

Wir hoffen, dass dieses Buch Sie dazu inspirierten wird, Ihre Handlungsspielräume auszuschöpfen, um unsere Zukunft nachhaltig, lebenswert und stabil zu gestalten.

Warum wir dieses Buch geschrieben haben

Führungsfragen und daraus abgeleitete, in höchsten Tönen angepriesene Changeprogramme sind ein Dauerbrenner auf unternehmerischen Agenden, sowohl in der Wirtschaft als auch auf dem gemeinnützigen Sektor. Die Frage, wie ein Unternehmen in diesen stürmischen und bewegten Zeiten zu führen ist, wie es dauerhafte und zumal strapazierfähige Beziehungen zu Kund:innen, Mitarbeitenden, Shareholders, Stakeholders und Partner:innen etc. aufbauen kann, ist Diskussionsthema auf allen Ebenen und in einschlägigen Medien.

Was uns auffällt: Es werden viele neue, methodisch durchdachte und von vernünftigen Theorien untermauerte Führungsentwicklungsprogramme angeboten, die durchaus die analytischen Fähigkeiten der Teilnehmenden trainieren und gleichzeitig noch ein paar Dosen Achtsamkeit und *emotional intelligence* verabreichen.

Was wir vermissen, ist die Antwort auf Fragen, warum und ob die eine oder andere Methode ihre Wirkung entfaltet und damit die gewünschten Ziele tatsächlich erreicht. Auch finden wir keine Antwort darauf, inwiefern ein Unternehmen, bei dem ein Changeprozess erfolgreich war, sich von jenem unterscheidet, bei dem die Wirkung ausgeblieben ist oder sogar nachteilige Konsequenzen hatte.

Die Antwort auf diese Fragen wäre wesentlich für den Erfolg von Changeprozessen, und sie liegt nach Ansicht der Autorinnen bei den beteiligten Menschen selbst. Es sind nicht die Methoden, die Mitarbeitende zu höheren Leistungen motivieren, es sind auch nicht die Marketing Messages oder Verkaufsförderungsmaßnahmen, die zu einer stabileren Kund:innenbeziehung führen, oder der zu erwartende *return on investment*, der eine langfristige Bindung von Anlegern sichert. Es ist vielmehr die Haltung und Glaubwürdigkeit, mit der die Führungsebene das Unternehmen ausrichtet.

Dieses Buch legt dar, wie eine andere Haltung und die daraus resultierenden Handlungen so ziemlich alles zum Besseren wenden können. Die Autorinnen beschreiben den Weg, der in der Ausformung einer *authentischen Organisation* kulminiert. Sie geht mit dem Geld, den Ressourcen und der Zeit der Mitarbeitenden und Führungskräfte in einer Weise um, die eine wirtschaftlich gesunde und ökologisch nachhaltige, sozial verträgliche und dauerhaft stabile Existenz zu sichern vermag.

Der Weg zur authentischen Organisation führt jedoch nicht über eine neue Methode, wie Sie etwa mit Ihren Mitarbeitenden verfahren können, um noch bessere Ergebnisse zu erzielen, sondern es geht um eine Haltungsänderung, die von innen nach außen wirkt – eine gelebte Haltung. Nicht noch mehr, noch besser, noch schneller, noch effektiver ist der Schlüssel zum Erfolg, sondern ein anderer Blickwinkel, eine neue Perspektive – gespeist von einer veränderten Haltung und Einstellung zur gegenwärtigen Situation – haben das Potenzial, alles zu verändern.

Die herkömmlichen Methoden und Instrumente zur Organisationsentwicklung, zur Einleitung und Umsetzung von Veränderungsprozessen funktionieren einfach nicht. Studien belegen dieses Desaster. 2018 gab es, um nur ein Beispiel zu nennen, eine Untersuchung der Universität St. Gallen. Es wurden Veränderungsprozesse untersucht, die die Einführung neuer Arbeitsweisen zum Ziel hatten, um der Digitalisierung und Globalisierung Rechnung zu tragen. Das Ergebnis: 75 Prozent der Unternehmen haben noch keine Veränderungsprozesse in diese Richtung angestoßen, und von den 25 Prozent der Unternehmen, die sich verändern wollten, geben nur 6 Prozent an, erfolgreich damit zu sein. Und bei jenen, die scheitern und mit den Veränderungen schlechte Erfahrungen machen, müsse man noch achtgeben, dass sie am Ende nicht konservativer werden, als sie vorher waren, so Prof. Dr. Heike Bruch bei einem Vortrag im Jahr 2018.[1] Unterm Strich hieße das: Die große Mehrheit der Unternehmen versucht erst gar nicht, mit den Veränderungen der Arbeitswelt

---

1 Quelle: Vortrag von Prof. Dr. Heike Bruch, Universität St. Gallen, bei NWX18 Leadership 4.0 zwischen Speed und Beschleunigungsfalle (Youtube). Befragt wurden 19.000 Mitarbeiter:innen aus 92 Unternehmen.

mitzuhalten – und von denen, die es versuchen, sind wiederum die meisten gar nicht entsprechend vorbereitet, ihnen fehlt die Basis dafür, so die Schlussfolgerung der Studie.

Was das kostet! An Geld, an Zeit, an Lebensenergie. Es kostet gute Mitarbeitende ebenso wie Kund:innen und Ressourcen – also alles, was eine Organisation, ein Unternehmen braucht, um langfristig gesund existieren zu können. Eine authentische Organisation operiert so, dass Zeit, Geld, Lebensenergie, Mitarbeitende, Kund:innen und Ressourcen derart ineinanderwirken, dass ein Gewinn für alle dabei herauskommt.

Der Weg zur authentischen Organisation ist preiswert, unaufwendig und zudem disruptiv in seinen Ergebnissen – und zwar ohne dass es alle so empfinden. Die Veränderung, die hier beschrieben wird, passiert einfach, sie wird nicht gemacht.

Und das ist unsere These: Changeprozesse stagnieren, weil sie von außen nach innen gedacht sind. Die authentische Organisation entsteht aus sich heraus und entwickelt sich von innen nach außen. Gelebt wird eine neue, eine andere Haltung zu dem, was ist, und zu dem, was sein soll.

Diese Haltung führt zu Veränderung – und, sie beginnt bei den Führungskräften. Wenn das Führungspersonal wirklich anders denkt und empfindet, dann (ver)ändert sich das Unternehmen, ohne dabei die Menschen mit immer neuen kostspieligen Methoden, Workshops, Trainings etc. traktieren zu müssen.

Wenn Sie nun fragen, wie sich dieses Wunderwerk denn vollziehen soll: Wir haben tatsächlich in zahlreichen Workshops und Coaching Sessions immer wieder erlebt, wie die Prinzipien und die Selbstführungsphilosophie, wie wir sie von Aikido[2] lernen können, Menschen dazu bewegt haben, ihre Haltung grundlegend zu ändern.

---

2 Übersetzt bedeutet »Aikido«: der Weg, Energie zu harmonisieren. Es wird sofort deutlich, dass der enge deutsche Ausdruck »Kampfsport«, dem Aikido immer wieder zugeordnet wird, irreführend ist und es eigentlich um das Gegenteil geht. Das Aikido verwendet zwar die Prinzipien der Kampfkunst und ist deshalb auch kein gefühlsduseliges Friede-Freude-Eierkuchen-Getue, aber die Zielsetzung, die nicht danach trachtet, den Gegner zu vernichten oder zu verletzen und damit handlungsunfähig zu machen, ist dezidiert anders. Mehr dazu im Kapitel »Aikido«.

Aikido? Wer oder was ist das? Übersetzt bedeutet »Aikido«: der Weg, Energie(n) zu harmonisieren. Es wird gewöhnlich in die Kategorie der japanischen Kampfsportkünste eingeordnet. Anders als die traditionelleren Kampfsportarten setzt Aikido sich jedoch zum Ziel, Konflikte friedfertig zu lösen. Auf die Geschäftswelt übertragen, ist es die Kunst, sich selbst in Prozesse, bei der Entwicklung von Innovationen und insbesondere in Konfliktfällen anders einbringen zu können. Sie könnten es vermutlich als hilfreich empfinden, aber es ist durchaus nicht notwendig, Aikido physisch zu praktizieren, um den Weg zur authentischen Organisation beschreiten zu können. Das zentrale und für jeden Menschen zugängliche Element ist, prinzipiell die Lösung im Miteinander an die Stelle des Kampfes gegeneinander zu setzen.[3]

Wenn Sie diesen Schritt gehen, werden Konflikte, Überforderung, Konkurrenz und Machtkämpfe, die im schlimmsten Fall zum Burn-out führen, Ihnen nicht mehr viel anhaben können und recht bald in Ihrem Unternehmen keine Rolle mehr spielen. Zusammen vorankommen, einen positiven Beitrag zum großen Ganzen leisten, niemandem schaden – das ist das Mantra und die Existenzberechtigung der authentischen Organisation, zu der Sie mit Ihrem Vorbild hinführen werden.

Sollten Sie auch nur an einer Stelle bis hierher gedacht haben: »Das klingt schon irgendwie spannend« oder »Schön wär's ja!« – nur zu, dann lohnt es sich weiterzulesen. Aber auch, wenn Ihr skeptischer Geist Ihnen sagt: »Das geht ja gar nicht, das kann ich mir überhaupt nicht vorstellen« oder gar »da kommt wieder jemand mit so einer abgedrehten Masche«, dann möchten wir Sie trotzdem ermutigen, sich überraschen zu lassen. Dieses Buch soll vor allem anregen. Es schreibt nichts vor und will auch nicht Ihre Persönlichkeit reformieren. Sie brauchen nicht zuzustimmen, und Sie brauchen es auch nicht von Anfang bis Ende zu lesen, sondern dürfen es auch gerne ohne irgendeine Reihenfolge durchstöbern. Wir erwarten eigentlich, dass Sie nicht immer unserer Meinung sind, und

---

3 In unseren Workshops und Coachings, buchbar unter www.Week53.de, ist es möglich, diesen Unterschied auf dem Weg des physischen Erlebens und nicht des intellektuellen Verstehens zu erfahren.

interessieren uns deshalb sehr für Ihre Sicht der Dinge.[4] Wir möchten Sie zu einem lebhaften Dialog einladen, bei dem es gerade nicht um kritikloses Übernehmen geht, sondern darum, eine Haltung, präzise gesagt, Ihre persönliche Haltung, zu entwickeln.

Beginnen Sie also bei den Kapiteln, die Sie am meisten interessieren oder mit denen Sie sich gerade am meisten beschäftigen. Picken Sie sich das heraus, was Sie im Moment weiterbringt. Beschäftigen Sie sich mit den Themen, die gerade auf Ihrer Agenda stehen.

Die Zeit dafür ist da! Sie sollten sie sich nehmen. Vielleicht in der 53. Woche. Denn eine Weisheit des Dingos[5] lautet: »Wer keine Zeit hat, der macht sich welche!«

Jetzt fragen Sie sich: welcher Dingo? Wer oder was ist das – und warum spricht er? Also möchten wir ihn kurz vorstellen: Unser Begleiter und Ratgeber, der Dingo, ist Träger eines 18. Dan im Aikido, das heißt, er hat gegenüber dem – qua Reglement möglichen – 10. Dan noch ein paar andere Fähigkeiten auf Lager, die Sie im Laufe des Buches kennenlernen werden.

Wenn wir – also der Dingo und die Autorinnen – Sie anregen konnten, in einen lebhaften Dialog einzutreten, mit allen Menschen um Sie herum und vor allem mit sich selbst, haben wir ein wichtiges Ziel, warum wir dieses Buch geschrieben haben, erreicht.

Bernau am Chiemsee, Juli 2021

---

4 Wenn Sie uns erreichen wollen, schreiben Sie eine E-Mail an buch@week53.de.

5 Der Dingo (*canis familiaris* oder *canis lupus dingo*) ist ursprünglich ein Haushund, verwilderte aber schon vor Jahrtausenden. Man findet ihn im modernen Australien und auch in Teilen Südostasiens. Er ist dem Menschen durchaus zutraulich und versteht, wie Verhaltensforscher festgestellt haben, die menschlichen Ausdrucksformen entschieden besser als andere Wildhunde oder Wölfe. Aber er ist auch unabhängig und wild, das heißt nicht vermenschlicht, und will mit Respekt behandelt werden. Er toleriert kein aggressives oder gewaltsames Verhalten von Menschen, akzeptiert aber einen Menschen als Respektsperson.

Der Dingo

Guten Tag liebe Leserin, lieber Leser. Ich bin der Dingo und möchte mich Ihnen vorstellen, denn solange Sie dieses Buch lesen, werden wir ganz sicher miteinander zu tun haben. Warum? Na ja, Sie interessieren mich! Denn wenn Sie schon dieses Buch in den Händen halten, sind Sie ganz sicher kein Phlegmatikus, sondern ein wacher, neugieriger, vielleicht auch ein bisschen abenteuerlicher Mensch, ein spannendes Wesen quasi, bei dem es etwas zu entdecken gibt. Skeptisch? Nee, nee, glauben Sie mir, ich weiß, wovon ich rede. Wissen Sie, ich kenne die Menschen; denn wir Dingos waren doch schon vor ein paar Tausend Jahren mal so etwas wie »domestiziert«, das wurde uns dann aber doch zu eng, und so haben wir uns lieber wieder auf in die Wildnis gemacht. Wir sind nämlich keine Schoßhündchen und lieben die Freiheit in Gemeinschaft – mit Respekt für uns selbst und unsere Artgenossen. Wir tolerieren weder aggressives noch gewaltsames Verhalten. Aus diesem Grund bin ich Aikidoka geworden.

Sie kennen Morihei Ueshiba, »O-Sensei«, der das Aikido begründete und eine starke, friedfertige Gemeinschaft im Auge hatte? Diese Gemeinschaft nimmt, was sie zum Leben braucht, und verzichtet auf unnötigen Ballast. Und das ist genau das, was wir zum Überleben in der Wildnis brauchen und Sie in Ihrer sogenannten Zivilisation.

Sehen Sie, ich kann bis heute noch in den Gesichtern der Menschen lesen – also auch in Ihrem. Ich erkenne an Ihrer Mimik, Ihrer Körperhaltung und Bewegung, was Sie denken und wollen. Um es freiheraus zu sagen – Sie machen mir nichts vor, können dagegen aber das eine oder andere zum Thema »Freiheit« von mir lernen.

Wie gesagt, Sie interessieren mich! Und hier auch gleich meine erste Frage: Warum lesen Sie dieses Buch überhaupt? Was hat Sie geritten, es aufzuschlagen? Haben Sie etwa die Absicht, davon zu profitieren?

Wenn Sie jetzt denken: »Na, einfach so zum Zeitvertreib …«, dann lassen Sie das Buch ganz schnell liegen! Lassen Sie überhaupt alles sein, von dem Sie nicht wissen, warum Sie es tun. »Egal« hat rein gar nichts mit Freiheit zu tun. Handeln ohne Absicht, Dasein ohne Haltung macht Sie zum Spielball und entfernt Sie von sich selbst, von Ihrer – wie sagt man? – Authentizität.

Denn Authentizität ist Natur – meine und auch Ihre! Nur – und das war das Problem, das Morihei Ueshiba lösen wollte – vergessen Menschen allzu leicht, dass sie auch Natur und nichts anderes sind. Stattdessen verlieren sie sich in Konkurrenzen: Wer ist stärker, wer schöner, wer reicher als ich? Hier steckt die Ursache aller Konflikte und führt zum Verlust der eigenen Natur und Authentizität. Dieses Thema wird uns beschäftigen, versprochen. Und dazu werde und muss ich Ihnen viele, auch ziemlich persönliche Fragen stellen.

Weil ich als Dingo frei bin, bin ich authentischer als Sie. Auch meine Sinne sind sensibler als Ihre – ich hoffe, Sie verkraften diese Überheblichkeit. All das tut jedoch nichts zur Sache, ich bin lediglich hier, um Ihnen alle meine Fähigkeiten zur Verfügung zu stellen, Sie auf Ihrem Weg wachsam zu begleiten. Nehmen Sie es freundlich dankbar hin, und versuchen Sie erst gar nicht, mit mir in Konkurrenz zu treten. Sie haben keine Chance, ich bin ein Dingo und Sie ein Mensch.

Also, ich beobachte sehr kritisch und frage vor allem hartnäckig nach, ich spüre und wittere durch die Seiten des Buches hindurch, wer sich selbst in die eigene Tasche lügt – es kommt alles auf den Tisch, das verspreche ich Ihnen.

Ich werde Sie begleiten, zuweilen nerven, ja schon, aber immer unterstützen auf dem Weg zu mehr Freiheit und weniger Ego. Denn das – verehrter O-Sensei, mein Aikidomeister – habe ich von dir gelernt, das ist das Wichtigste, aber auch das Schwierigste zugleich.

Ich für mich habe das schon längst verinnerlicht, sonst hätte ich ja nicht den 18. Dan. Und Sie können es bald auch. Also lassen Sie uns mit der Arbeit beginnen:

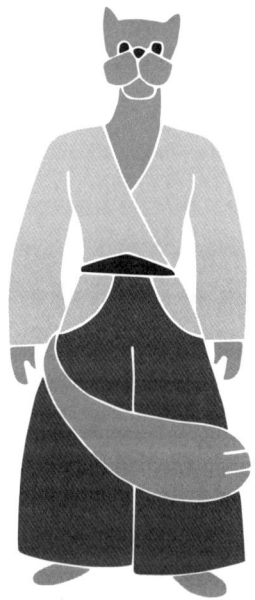

Der Dingo

PRAKTISCHER IMPULS

Setzen Sie sich aufrecht und mit entspannten Schultern (das heißt, Sie haben in etwa die Form eines Kleiderbügels) auf einen Stuhl, am besten vor einem Fenster. Lassen Sie Ihre Arme einfach ohne irgendeine Anstrengung herunterhängen. Sie können die Übung auch wie ich stehend machen, wenn Ihnen das angenehmer ist. Richten Sie Ihren Blick in die Ferne, so weit Ihr Auge reicht. Wenn ein Hochhaus im Weg steht, stellen Sie sich vor, wie es dahinter weitergehen mag. Wenn da weitere Hochhäuser stehen, ebenso. Wenn es keine Hindernisse gibt, schauen Sie, so weit Sie können. Atmen Sie ein paarmal tief ein und aus. Was passiert? Was spüren Sie in den Schultern, in der Brust, im Bauch?

Über die Sprache in diesem Buch

Einen Inhalt sprachlich zu vermitteln, damit er auch richtig verstanden wird, ist, wie wir wissen, das Grundproblem menschlicher Kommunikation schlechthin – ob und wie dies überhaupt möglich ist, darüber streiten sich die Linguisten schon, solange es sie gibt. Deshalb ist es vor jeder Kommunikation unbedingt erforderlich, sich über die Bedingungen auszutauschen, wie diese ablaufen soll und wozu. Fachleute nennen das »Metakommunikation«.

So liegt der Sprachverwendung in diesem Buch eine bestimmte Haltung zugrunde, die wir sichtbar machen, bevor wir zum inhaltlichen Teil übergehen. Die Sprache in diesem Buch soll im Wesentlichen zwei Anforderungen gleichzeitig genügen: Sie soll einmal unsere Ideen in einer Weise ausdrücken, in der Inhalt und Sprache in Einklang gelangen und dabei weiter ihren eigentlichen Zweck der Sinnvermittlung bestmöglich erfüllen. Vor dem Hintergrund dieses Spannungsfeldes haben wir verschiedene Entscheidungen getroffen, an denen sich die Sprachverwendung orientiert.

Erstens glauben wir, dass man nicht authentisch handeln und wirtschaften kann, wenn man schon auf sprachlicher Ebene diskriminiert oder bestimmte Menschen ausschließt. Das zunehmend präsente Gendern in den Medien, erste Anpassungen von Gesetzestexten und die Aufnahme des Wortes »gendergerecht« in den Duden sind nur einige Anzeichen dafür, dass *inklusive* Sprache im gesellschaftlichen Diskurs normalisiert wird und ihr eine immer größere Rolle zukommt, auch wenn sprachliche Veränderungen zuweilen zu Reibungen und Konflikten führen. Umso wichtiger finden wir es, sich eindeutig zu positionieren und Haltung zu zeigen. Um auch die zweite Sprachanforderung zu erfüllen, haben wir uns für eine Genderform entschieden, die den Lesefluss nicht behindert. Der Genderdoppelpunkt erhält die räumliche Zugehörigkeit der Wortteile, da er die Silben nicht auseinanderzieht (wie das Sternchen oder der

Unterstrich), ohne dabei Geschlechter oder Identitäten auszuschließen (wie das große I). In Ausnahmen oder Grenzfällen entscheiden wir zugunsten der Lesbarkeit und weichen hier auf Varianten wie die generische Pluralform (zum Beispiel »Ärzte«), genderneutrale Bezeichnungen (zum Beispiel »angestellte Person«) oder die doppelte Nennung aus; dies beeinflusst jedoch weder unsere Haltung noch die Geschlechtergerechtigkeit der jeweiligen Passage.

Zweitens haben wir unsere Sprachverwendung dem zugrunde liegenden Einfluss des Aikido angepasst, das im Gegensatz zu anderen Kampfsportarten durch Gewaltlosigkeit geprägt ist. Wir übertragen dies auf die Sprache, indem wir bewusst auf kriegerische und aggressive Sprache verzichten. Hierzu gehören neben gewaltvermittelnden Formulierungen auch Begriffe wie »Sieg« und »Niederlage«. Ausnahmen dieser Sprachkonvention sind die Nutzung von Negativkonstruktionen, um Beispiele zu verdeutlichen (ex negativo), sowie die Verwendung des Siegesbegriffs im Zentralmotiv des Aikidobegründers Ueshiba Morihei (»Der wahre Sieg ist der Sieg über das Selbst«), den wir aus Gründen der Quellentreue übernehmen. Da die Wahrnehmung von emotional vorbelasteten Begriffen extrem subjektiv ist, sind weitere Ausnahmen möglich.

Die dritte und letzte Entscheidung betrifft die syntaktische Anordnung der Sätze. In der Regel ziehen wir die Aktivvariante einer passiven Formulierung vor und vermeiden lange oder komplexe Satzkonstruktionen. Diese Entscheidung haben wir getroffen, um den Sprachfluss aufrechtzuerhalten und das Handeln der Akteure immer klar und transparent erscheinen zu lassen.

Sollten wir an einzelnen Stellen von diesen selbstauferlegten Regeln abweichen, bitten wir Sie, uns dies aus pragmatischen Gründen nachzusehen, denn letztlich bleibt Sprache immer nur Medium zur Ideenvermittlung.

Teil 1

Grundgedanken

Parallele Universen: Arbeitswelt, Klimakrise, Globalisierung, Digitalisierung

Vielleicht geht es Ihnen so wie uns. Wir stellen fest, dass wir täglich sehr beschäftigt sind, uns öfter mal sehr anstrengen oder sogar verausgaben, unsere ganze Geschäftigkeit sich aber in fast völliger Isolation von den wirklich großen Themen unserer Zeit abspielt. In allen Unternehmen gibt es Arbeitspläne, Budgets, Umsatz- und Kostensenkungsziele, Restrukturierungen, Optimierungen und Leitungsaufgaben. Die Arbeitswoche beginnt am Montag mit einer vollen Inbox, und am Freitag hat sich nichts daran geändert. Schon wieder ist eine von 52 Wochen im Jahr vorbei, und noch nicht mal die E-Mails sind alle abgearbeitet! Wieder mal waren wir furchtbar beschäftigt, aber haben wir eigentlich etwas Wichtiges erreicht in dieser Woche? Was Globalisierung, Digitalisierung und Klimakrise für unser Unternehmen oder gar für uns persönlich bedeuten mögen, ist nicht vorgekommen. Bestenfalls bei den periodisch auftretenden Strategieentwicklungen, die meisten ohne großen Nachhall wieder in einer Schublade verschwinden, finden diese Themen dünnen Niederschlag. Wir, die Autorinnen, haben uns gefragt, was uns davon abhält, all unsere Energie zu bündeln und einzusetzen, um die Effekte von Klimakrise, Globalisierung und Digitalisierung zu steuern und dort, wo sie negativ wirken, zumindest abzuschwächen. Wir sind zu dem Schluss gekommen, dass unsere Organisationsmodelle den Entwicklungen hinterherhinken. Es scheint, dass die großen Themen und Krisen sich in einem anderen Universum als unserer Arbeitswirklichkeit abspielen und wir sie zwar im Vorbeiflug kurz wahrnehmen, aber schon wieder in die nächste Ellipse abgebogen sind, bevor wir mitbekommen haben oder gar verstehen, was sich hier wirklich abspielt. Schon gar nicht konnten wir reflektieren, was es im konkreten Handeln für uns zu tun gibt.

Wir haben uns Gedanken gemacht, wie wir einerseits Kräfte bündeln und andererseits die Paralleluniversen zusammenführen können, und stellen Ihnen das Ergebnis unserer Denkprozesse vor: die *authentische Organisation*.

Was ist eine
authentische Organisation?

Eine authentische Organisation zeichnet sich dadurch aus, dass sie Wahrhaftigkeit zum obersten Prinzip erklärt. Sie ist in allen Bereichen transparent und lebt das konsequent, was sie sich vorgenommen hat zu sein. Ihre Wertschöpfungskette schont Natur und Ressourcen und trägt dazu bei, allen Menschen in ihrem Wirkungsumfeld ein Leben in Wohlstand und Sicherheit zu ermöglichen.[6]

Warum brauchen wir
authentische Organisationen?

Klimakrise, Artenschwund, Ressourcenmangel, Migrationsbewegungen sprechen eine deutliche Sprache: Wirtschaften, ohne diesen Tatsachen Rechnung zu tragen, können wir uns einfach nicht mehr leisten.[7] Dies als Unternehmen zu ignorieren halten wir nicht nur für verantwortungslos, es ist auch unternehmerisch nicht klug. Denn die Zeit ist reif dafür, gesellschaftliche Verantwortung in bare Münze umzusetzen. Wem es gelingt, sich bei der Überwindung der genannten Probleme positiv zu positionieren, der sichert sich langfristig Kund:innen und Mitarbeitende sowie auch eine nachhaltige Zukunft. Das ist unsere gesicherte Überzeugung und gleichzeitig eine Vision. Die authentische Organisation ist lebender Bestandteil dieser Vision und macht sich auf den Weg in eine Zukunft,

---

6 Die Begriffe »Wohlstand« und »Sicherheit« sind in sich selbst Stoff für ein Buch. Es sei hier festgehalten, dass die Autorinnen dies als relative Begriffe sehen. »Wohlstand« und Sicherheit bedeuten verschiedene Dinge in verschiedenen Kulturkreisen, aber das Gefühl, ein gutes Auskommen zu haben und sich nicht fürchten zu müssen, steht über kulturellen Unterschieden. Dass Organisationen nicht alle Fäden in der Hand halten, die ein Leben in Sicherheit und Wohlstand bedingen, ist nicht als Einschränkung zu verstehen, denn je mehr authentische Organisationen es gibt, desto lebenswerter wird unsere Welt.

7 Siehe hierzu das Davos Manifesto 2020: https://www.weforum.org/agenda/2019/12/davos-manifesto-2020-the-universal-purpose-of-a-company-in-the-fourth-industrial-revolution/.

die die großen Aufgaben unserer Zeit lösen will und wird. Authentische Organisationen sind also wichtiger Bestandteil einer stabilen, wünschenswerten Zukunft. Sie agieren angemessen, und sie verschieben ihre Verantwortung nicht auf andere oder auf später. Angesichts der tektonischen Verschiebungen in den globalen gesellschaftlichen, geopolitischen, wirtschaftlichen und natürlichen Bedingungen ist eines klar: Abwarten ist keine Option. Wer stehen bleibt, fällt unweigerlich zurück.

Die authentische Organisation und die soziale Marktwirtschaft

Europas und insbesondere Deutschlands Attraktivität für Beobachter aus dem Ausland besteht darin, dass unsere Gesellschaften Finanzierungsmechanismen entwickelt haben, die nachhaltig und flächendeckend allen Mitgliedern der Gesellschaft zugutekommen. Das Prinzip der sozialen Marktwirtschaft ist, den freien Markt dort zu regulieren, wo unvertretbare soziale Konsequenzen entstehen würden, beziehungsweise diese Konsequenzen durch gemeinschaftlich finanzierte Maßnahmen abzufedern. Zwar sind Erosionserscheinungen an diesem Gefüge zur Kenntnis zu nehmen, dennoch sind die Mechanismen der sozialen Marktwirtschaft noch so weit intakt, dass die von der Gemeinschaft aus Arbeitnehmer:innen und Arbeitgeber:innen finanzierten Sozialleistungen wie Krankenkasse, Renten- und Arbeitslosenversicherung einerseits und die Einkommens-, Gewerbe- und Mehrwertsteuer andererseits eine gesamtwirtschaftliche und -gesellschaftliche Infrastruktur ermöglichen, die prinzipiell allen Bürger:innen zur Verfügung steht. Natürlich gibt es immer wieder wirtschaftliche Umbruchsituationen, die zu schmerzhaften Umstrukturierungen führen, aber genau dann trägt dieses gesellschaftliche Solidaritätsmodell dazu bei – in Zeiten wie zum Beispiel der Coronakrise –, zu Schaden gekommene Mitglieder zu unterstützen. Es geht schlicht darum, auch in harten Zeiten nicht dem Reflex »erst ich und dann alle anderen« zu folgen, sondern sich in jeder Situation sich selbst *und* der Gemeinschaft verpflichtet zu fühlen.

Allerdings haben sich manche Unternehmen aus dieser Vereinbarung von Steuerzahlungen, Steuereinnahmen, gesamtgesellschaftlichem Frieden (Infrastruktur, Bildung, Krankenversicherung für alle, Sozialversicherung etc.) ausgeklinkt, und Regierungen vieler Länder haben deshalb Anstrengungen unternommen, Unternehmen in den gesellschaftlichen Verantwortungszyklus zu »reintegrieren«. Die verantwortlichen Regierenden taten dies nicht freiwillig, sondern weil sie feststellen mussten, dass entkoppelte Unternehmen – solche, die Steuerschlupflöcher nutzen,[8] Umweltbestimmungen unterlaufen, windige bis mafiöse Geschäfte machen etc. – für die Gesellschaften ihrer Länder einen immensen und vor allem unvertretbaren Kostenposten ausmachen. Diese staatlichen »Reintegrationsmaßnahmen« drücken sich in verschiedenen gesetzgeberischen Maßnahmen aus: CSR-(Corporate Social Responsibility-)Gesetzgebung, Corporate Governance Codex, Energiewende, Gesetze zur Schadstoffemission, Lieferkettengesetzgebung, Verschärfung der Finanzaufsicht und die Bemühungen der EU, Steuerschlupflöcher zu schließen und der Praxis ein Ende zu setzen, innerhalb der EU günstigere Steuersätze als auf den Hauptabsatzmärkten zu nutzen.[9] Politiker:innen haben sich entschlossen, ihrer Wählerschaft diese Maßnahmen zuzumuten, trotz relativ kurzer Wahlzyklen.

Verantwortliche in Unternehmen sehen sich vor einer vergleichbaren Herausforderung. Es wird von ihnen erwartet, für die Unternehmenseigentümer oder Aktionäre Gewinne und Dividenden zu erwirtschaften, andernfalls werden sie abgesetzt. Wer aber in einem Unternehmen verantwortlich handelt, kann eigentlich nur die längerfristige Zukunft des Unternehmens im Auge haben und muss seine Eigentümer:innen oder Aktionär:innen in dem Sinne »vor- und weiterbilden«, dass qualitatives Wachstum durchaus auch Werte und Gewinne generiert. Firmenlenker

---

8 Im Januar 2021 haben selbst die USA ein Gesetz verabschiedet, das die Verhüllung von Eigentumsverhältnissen durch Briefkasten- oder Mantelfirmen unterbindet.

9 Im Juni 2021 haben sich die Mitglieder der EU-Staaten im ersten Schritt darauf geeinigt, dass Unternehmen mit mehr als 750 Millionen Euro Umsatz offenlegen müssen, wo sie welche Unternehmenssteuer entrichtet haben.

tun gut daran, ihren Geldgebern zu vermitteln, dass positiver *return on investment* sich schnell in Luft auflösen kann, wenn man das Unternehmen nicht fit macht, um für wirtschaftliche und gesellschaftliche Umbrüche gewappnet zu sein.

Eine authentische Organisation versteht sich als Akteur und Mitgestalter der gemeinschaftlichen Anstrengung, die sicheres Wirtschaften in die Zukunft führen kann. Keinem in dieser Gemeinschaft zu schaden und nicht zum existenzgefährdenden Nachteil anderer zu agieren ist für die authentische Organisation oberstes Gebot.

Ökonomie, Ökologie und Soziales

Es ist mittlerweile Konsens der Weltgemeinschaft (siehe Pariser Klimaabkommen), dass unser wirtschaftliches Handeln schon aktuell nicht mehr ohne Berücksichtigung der Auswirkungen auf Klima und Natur auskommen kann. Somit müssen diese als lebensnotwendige Bedingungen in die Mechanismen der sozialen Marktwirtschaft integriert werden. Wahrzunehmen ist aber auch, dass die Klima- und Ressourcenkrise sowohl soziale als auch wirtschaftliche Auswirkungen hat. Die zunehmende Verknappung von Fischen durch Klimawandel und Überfischung[10] beispielsweise führt dazu, dass dem Fischer, der in einem Küstenstädtchen in Somalia davon lebt, seine Fische auf dem Markt zu verkaufen, die wirtschaftliche Lebensgrundlage entzogen wird. Wie in Europa zu beobachten ist, kämpft aus den gleichen Gründen ein ganzer Wirtschaftszweig, der von der ökologischen Intaktheit der Ozeane abhängig ist, ums Überleben.[11] Es ergeben sich zu den wirtschaftlichen auch soziale Konsequenzen, wenn Unternehmen in die Insolvenz gehen oder der Fischer in Somalia plötzlich von Almosen abhängig ist. Diese Aspekte sind Bedingungen, die berücksichtigt werden und die sich im aufrichtigen Handeln der

---

10 Siehe dazu: https://www.wwf.de/themen-projekte/meere-kuesten/fischerei/fischerei politik-in-europa/.

11 Siehe dazu: https://www.muensterschezeitung.de/nachrichten/wirtschaft/ostseefische rei-in-grosster-krise-775872.

Organisation wiederfinden – und nicht nur in der Marketingabteilung. Denn keine Organisation kann sich in Zukunft der Ganzheitlichkeit des Dreiklangs Ökonomie, Ökologie und Soziales verschließen.

Wirtschaften im Solidarzyklus

Um das Prinzip soziale Marktwirtschaft zu erhalten und zukunftsfähig zu gestalten, ist eine Erweiterung unserer Perspektive und Verantwortung nötig. Die Autorinnen haben dazu das Modell des »Solidarzyklus« ent-

SOLIDARZYKLUS
Gesellschaft
Zukunftserwartung

Ansprüche   Politische
von Stakeholdern Bedingungen

Veränderung

Unternehmens-kultur
Wirtschaftlicher Erfolg
Kundenbindung
Hohe Qualität und Effizienz
Ökologische Eigenverantwortung
Qualifizierte und motivierte Mitarbeitende

Authentische Organisation

Wertebildung
Besorgnishaltung und Risikohaltung
Stellenwert von Eigennutz und Gemeinwohl
Gegenwarts- und Zukunftshaltung

Resultate

Haltung

Authentizität
Leistungs-/Verantwortungserwartung an Mitarbeitende
Transparenz und Klarheit
Akteur im Gemeinwesen
Umgang mit Natur/Umwelt/Ressourcen
Wahrhaftige Kommunikation mit Stakeholdern

Handlung

wickelt. Es greift die Grundprinzipien der sozialen Marktwirtschaft auf, erweitert sie aber um eine globale Verantwortlichkeitsperspektive. Der Solidarzyklus stellt dar, auf welchem Weg eine Organisation eine reflektierte Haltung entwickelt und verinnerlicht, die realen Bedingungen und Notwendigkeiten Rechnung trägt, wie sie daraus verantwortliches Handeln ableitet, das zu wirtschaftlichem Erfolg führt, und wie sich dies auf den gesamtgesellschaftlichen Dreiklang von Ökonomie, Ökologie und Sozialem abbildet.

Das Verständnis dafür, dass alle am Wirtschaftsprozess beteiligten Kräfte Mitwirkende in diesem Solidarzyklus sind, ist von größter Bedeutung, weil alles, was wir in unser Wirtschaften einfließen lassen, Wachstum, Resilienz und Zukunftsfähigkeit stärkt oder schwächt. Wenn alle Unternehmen, alle Organisationen und jede einzelne Führungskraft eine bewusste Haltung dazu entwickeln, welche positive Rolle sie darin spielen wollen und welche negative Rolle sie dabei einnehmen könnten, dann findet der Wandel statt, der für die Zukunft der Menschheit und des Planeten überlebensnotwendig ist.

Haltung als Steuerelement der Zukunftsgestaltung

Die Aneignung und Entwicklung der nun folgenden Haltungen halten wir für den zentralen Schritt, um den Wandel zu gestalten und voranzutreiben.

Besorgnis- und Risikohaltung

Besorgnis Die Fridays-for-Future-Bewegung liefert uns gerade ein Beispiel dafür, was eine gemeinsam getragene Besorgnishaltung sein kann. Sie definiert sich über ein gemeinsames Verständnis davon, wie sehr die Klimakrise ihre Zukunft gefährdet.

Wenn der Begriff nicht stark im karitativen Bereich verhaftet wäre, könnte man auch von einer »Fürsorgehaltung«, die wir einnehmen, sprechen. Wir »sorgen dafür«, dass es unserem Planeten besser geht. Aber der

Planet/die Natur haben eine Eigendynamik, die wir offensichtlich unterschätzt haben. Jeder Eingriff in die Natur hat einen Effekt. Die Faktoren, die die Klimakrise hervorgerufen haben, sind durch den Menschen verursacht, entziehen sich aber unserer Kontrolle. Wir hoffen, dass der »Tipping Point« noch nicht überschritten ist, und haben uns deshalb als globale Gemeinschaft Klimaziele gesetzt. Dem Begriff der Besorgnishaltung wohnt inne, dass jeder sie für sich als handlungssteuerndes Element verinnerlicht und sich bemüht, die Dynamik des Planeten, insbesondere seiner Überforderungsmechanismen, vorsorglich nicht herauszufordern.

Insbesondere diese Haltung ist es, die uns veranlassen muss, die Konsequenzen unseres eigenen Handelns kritisch zu reflektieren.

Risikohaltung Eng damit verbunden ist die Entwicklung einer Haltung zu Risiken. Wir meinen damit die Risiken, die Entscheider:innen eingehen, wenn sie sich zwischen mehreren sinnvoll und brauchbar erscheinenden Optionen zu entscheiden haben. Natürlich werden sie auch hier eine Risikoabschätzung vornehmen und fragen, wie wahrscheinlich es ist, dass ein negatives Szenario eintritt, und wie groß der zu erwartende Schaden ist, wenn es eintritt. Das ist das sogenannte Risk Management, wobei die Frage erlaubt sein muss, wie viel Management hier eigentlich wirklich stattfinden kann.

Will man jedoch neues Territorium erkunden, zum Beispiel in einem Unternehmen ein neues Geschäftsfeld erschließen, ist dieses Verfahren vielleicht aus Gründen der persönlichen Haftungsabsicherung des Entscheiders ebenfalls sinnvoll, wird aber in Bezug auf die zu treffende Entscheidung nur begrenzte Aussagekraft haben. Das heißt, Entscheider sind gefragt, eine positive und zugleich verantwortungsvolle Haltung zu Risiken zu finden. Dies ist in der VUCA-Welt (Volatile, Uncertain, Complex, Ambiguous) eine besondere Herausforderung, der Entscheider:innen letztlich nur auf der Grundlage von Wahrhaftigkeit, der zentralen Forderung einer authentischen Organisation, begegnen können.

Haltung zu Gemeinwohl und Eigennutz

Zusätzlich gilt es, zu der Problematik, wo die Grenzen des Eigennutzes im Hinblick auf das Gemeinwohl verlaufen, eine Haltung zu entwickeln. Ein Unternehmen muss Gewinne machen, eine Organisation muss ihre Rechnungen und Gehälter bezahlen können, und alle Beteiligten brauchen das Gefühl, dass ihre Arbeit, ihr Einsatz und die Zeit, die sie alledem widmen, sich lohnen. Diesen Eigennutz zu berücksichtigen ist existenziell für ein Unternehmen beziehungsweise eine Organisation. Gleichzeitig ist es für das gesunde Fortbestehen des Wirtschafts- und Sozialsystems und auch aus Gründen der Ökologie ebenso existenziell, das Gemeinschaftseigentum an der Welt nicht überzustrapazieren. Eine wahrhaftige und ehrliche Haltung dazu zu entwickeln ist ein zentrales Element der Wertebildung eines Unternehmens.

Eigennutz Im Deutschen gibt es den Ausdruck vom »gesunden Egoismus«. Er wird zwar häufig verwendet, um übertriebenen Egoismus zu kritisieren, aber wenn man den Ausdruck einmal ganz wörtlich nimmt und fragt: »Was ist gesund daran und was nicht?«, fallen einem in Bezug auf Einzelpersonen wie auch Unternehmen schnell eine Reihe von Beispielen ein, bei denen die Frage unzweifelhaft negativ beantwortet werden kann.

Ist es zum Beispiel gesund, sich im privaten Bereich alle Arbeit durch Maschinen oder schlecht bezahlte Haushaltskräfte abnehmen zu lassen? Die Antwort ist einfach: Wenn wir uns selbst nicht mehr bewegen und unsere Alltagsangelegenheiten nicht mehr selbst erledigen, werden wir im Sessel immer behäbiger und verlieren unsere manuelle Geschicklichkeit – Fazit: sehr ungesund für uns selbst und für die Haushaltskraft. Wenn Unternehmen ihre Büros mit den billigsten Büromöbeln ausstatten, kann man davon ausgehen, dass sie unter maximaler Ausbeutung, ohne Rücksicht auf die Umwelt hergestellt worden sind und gegebenenfalls auch noch qua Ausdünstung den Mitarbeitenden schaden – Fazit: sehr ungesund. Zwar werden Kosten gespart und Gewinn maximiert, aber der gesamtgesellschaftliche Schaden steht außen vor. Berechtigter Eigennutz einer Organisation drückt sich darin aus:

♦ dass sie die Bedingungen sichert, unter denen sie ihr Produkt, ihre Dienstleistung, ihre gemeinnützige Mission anbieten beziehungsweise ausüben kann;

♦ dass sie dafür Sorge trägt, dass ihre Mitarbeitenden adäquat bezahlt werden und ihre Geldgeber einen angemessenen *return on investment* erhalten;

♦ dass sie die Ressourcen nimmt, die sie braucht, um ihr Produkt anzubieten.

Der Auftrag an Entscheider:innen lautet demnach, im Einzelnen festzustellen, wo die Grenze zwischen berechtigtem Eigennutz und ungesundem Egoismus überschritten wird, und ihre Entscheidungen und Handlungen daran zu orientieren.

Gemeinwohl Mit der Haltung zum Eigennutz eng verbunden ist die Einstellung zum Gemeinwohl. Es ist unschwer nachzuvollziehen, dass Eigennutz und Gemeinwohl in einem elastischen Spannungsverhältnis zueinander stehen. Wann wird das eine zugunsten des anderen strapaziert, ist die Frage, die es immer wieder zu beantworten gilt. Sehr vermögende Menschen engagieren sich zum Beispiel oft karitativ, weil sie nicht in einer verelendenden Gesellschaft leben möchten. Deshalb wird auch oft das »Zurückgeben« als Begründung für das karitative Engagement benannt. Dahinter steht die Einsicht, dass eine Gesellschaft und eine Umwelt, in der alle Menschen und anderen Lebewesen in einer gesunden Balance koexistieren, lebenswerter und vor allem langfristig auch überlebenssicherer existiert, als eine, in der das nicht der Fall ist.

Denken Sie an die großen Migrationsbewegungen: Europa kämpft jetzt schon damit, sie an seinen Grenzen zu stoppen. Diese Entwicklungen werden sich jedoch erst dann verlangsamen, wenn ein über die europäischen Grenzen hinausgehendes Wohlstands- und Sicherheitsgleichgewicht entsteht. Das ist die globale Gemeinwohlperspektive, der wir uns als Unternehmen und Organisation stellen müssen. Große Umweltschäden in einem anderen Land zu verursachen wird Folgen haben, gegebenenfalls rechtliche, aber auch soziale, wenn die Lebensqualität der Bewohner zu stark beeinträchtigt wird. Ein Plus an einer Stelle verursacht ein Minus an anderer Stelle. Entscheider:innen stehen vor der Frage, wann ihre Handlungen und deren Auswirkungen das Gemeinwohl beeinträchtigen und ob diese Beeinträchtigung vermeidbar oder – falls unvermeidbar – zu begrenzen und gegebenenfalls im Sinne eines höheren Gutes zu rechtfertigen ist. Ein Unternehmen könnte argumentieren, dass die Schaffung von Arbeitsplätzen ein höheres Gut ist als die zu erwartenden Umweltschäden. Das wäre, kurzfristig gedacht, vielleicht richtig, jedoch in einer längerfristigen Perspektive vermutlich nicht. Eine authentische Organisation würde daher andere Wege suchen, um ihr Produkt herzustellen, oder aber auch ein ganz anderes Produkt auf den Markt bringen.

Die Datenschutzgrundverordnung (DSGVO) hat dazu einen interessanten Ansatz entwickelt. Sie stellt das berechtigte Einzelinteresse eines Unternehmens dem Recht auf Datenschutz eines Individuums gegenüber und verlangt dann vom Unternehmen, eine Abwägung vorzunehmen.[12] Es muss im Einzelnen argumentiert werden, warum das Unternehmensinteresse schwerer wiegt als das Einzelinteresse des Individuums. Auf unseren Fall bezogen, müsste detailliert dargelegt werden, warum die längerfristigen Umweltschäden weniger ins Gewicht fallen als das Interesse des Unternehmens.

Gegenwarts- und Zukunftshaltung

Wie eine Organisation die Gegenwart einschätzt und welche Zukunft sie für sich sehen will, hat ebenfalls großen Einfluss darauf, welche Entscheidungen zu treffen sind. Das gegenwärtige Wachstumsdenken beinhaltet immer auch schon den Blick auf die Zukunft. Eine weit größere Frage, die sich angesichts der Auswirkungen menschlichen Wirtschaftens auf den Planeten stellt, ist, ob nicht zum Beispiel auch wirtschaft-

---

12 https://dejure.org/gesetze/DSGVO/6.html.

lich effiziente, skalierbare Schrumpfungsmechanismen denkbar sind, die die Belastungen des Planeten reduzieren würden.

Gegenwart Organisationen betrachten die Gegenwart meistens als verbesserungswürdig. Gemeinnützige denken darüber nach, wie sie den Status quo für die Empfänger:innen ihrer Dienste verbessern können. Unternehmen evaluieren, wo sie Prozesse optimieren und somit ihre Kosten oder Outputeffizienz verbessern können. Der zentrale Gesichtspunkt ist hierbei, ein Verständnis zu entwickeln dafür, dass alles, was eine Organisation gegenwärtig unternimmt, Folgen hat. Eine detaillierte, vor allem kritische Untersuchung, welche der Folgen bewusst und beabsichtigt sind und welche unbeabsichtigten Folgen und »Nebenwirkungen« bei genauerem Hinsehen absehbar sein könnten, vermag eventuell ans Licht zu bringen, wo sich Schaden vermeiden oder verringern ließe.

Zukunft Welche Haltung eine Organisation zur Zukunft entwickelt, leitet sich einerseits aus der Gegenwart ab (siehe oben, was ist verbesserungswürdig?), andererseits wird eine konkrete Vorstellung davon, in welcher Form das Unternehmen die Zukunft mitgestalten will, wertvolle Hinweise auf zukünftige Entscheidungen und Handlungen geben. Eine bejahende Antwort auf die Frage »Wollen wir zum ökologischen Wandel über den gesetzlichen Rahmen hinaus einen Beitrag leisten?« wird zum Beispiel eine andere Aussagekraft haben als die Vorstellung, dass alles am besten so bleibt, wie es ist.

Wie sich Haltung auf Handlung überträgt

1. Unsere Zukunft ist eine gemeinschaftliche Aufgabe, der sich alle Player unserer Gesellschaft werden stellen müssen. Und zwar zeitnah, denn verschiedene Uhren ticken jetzt schon schneller als noch vor fünf Jahren: Unsere Bemühungen, den Klimawandel einzudämmen, laufen den von uns selbst gesetzten Zielen hinterher.

2. Der demografische Wandel in den Industriegesellschaften wie auch in den Schwellenländern stellt zunehmend höhere Anforderungen an das Sozialwesen eines Staates. In den westlichen Industrienationen und Japan macht uns eine überalternde Gesellschaft Sorgen. In China (!) wird diese Frage innerhalb weniger als einer Generation ein riesiges Problem werden. In den Ländern des globalen Südens wächst die Bevölkerung noch exponentiell, sie hat aber auch gleichzeitig am meisten unter dem Klimawandel zu leiden.

3. Die sozialen Klüfte innerhalb der entwickelten Industriegesellschaften vertiefen sich, und Populisten finden zunehmend mehr Gehör mit ihren verführerisch vereinfachenden Botschaften, die insbesondere eine globale Perspektive durch eine nationale ersetzen und aktiv gegen die Bewältigung der Klimakrise antreten.

Die Bewältigung der Mammutaufgabe, eine lebenswerte Zukunft zu gestalten, beginnt bei Führungspersönlichkeiten. Innerhalb von Organisationen sind sie es, die sich zuerst dieser Aufgabe annehmen, indem sie die Werte, die sich aus ihrer Sicht auf Gegenwart und Zukunft, aus der Einordnung von Eigennutz und Gemeinwohl und aus ihrer Besorgnishaltung und Risikoeinschätzung und -bereitschaft entwickeln. Insbesondere auf dieser Grundlage treffen sie Entscheidungen und koordinieren ihr Handeln.

Damit die Handlungsmaximen von allen Beteiligten verstanden werden und sie sich entsprechend einbringen können, ist Transparenz im Handeln eine unabdingbare Voraussetzung. Sie ermöglicht einen wahrhaftigen Dialog mit Stakeholdern, über den der richtige Weg gemeinsam entwickelt werden kann. Darin äußert sich, wie die Organisation als Akteur im Gemeinwesen unterwegs sein will und wie sie Umweltschutz und Ressourcenschonung umsetzen wird. An die Mitarbeitenden stellen die Führungskräfte der Organisation die Forderung, sich diesen Zielen zu verpflichten und ihre Arbeitsleistung auch im Hinblick auf diese Ziele zu optimieren.

Die nach Ansicht der Autorinnen zu erwartenden Resultate aus einem solchen Haltungs- und Selbstverständniswandel sind vielfältig und wünschenswert: Motivierte und hoch qualifizierte Mitarbeitende, die aus ökologischer Eigenverantwortung heraus denken und handeln, werden sich – weil der unternehmerische Erfolg für sie existenziell ist – für qualitativ höherwertige Produkte einsetzen, die mit größerer Effizienz hergestellt werden. Daraus entsteht eine größere Kundenbindung, und alle diese Faktoren zusammen sorgen, insbesondere, wenn man auch die ökologischen Kosten der Produktion beziffern würde, für ein besseres Unternehmensergebnis und treiben den Wandel der gesellschaftlichen Wertvorstellungen voran.

Die Autorinnen sind, weil der Druck wächst, der Auffassung, dass dieser idealistisch anmutende Weg alternativlos ist, wenn wir den nächsten Generationen einen Planeten hinterlassen wollen, auf dem sie in Sicherheit leben können. Wir haben dieses Buch geschrieben, weil es unsere Überzeugung ist, dass der Wandel gelingen kann, wenn ihn insbesondere Unternehmen, Verbände und internationale NGOs beschreiten, denn ihr wirtschaftlicher wie sozialer Einfluss als Arbeitgebende von Abermillionen Menschen ist unvergleichlich größer als der von Einzelnen. Sie sind in der Lage, Schalter umzulegen und gleichzeitig das Verhalten von sehr vielen Menschen positiv zu beeinflussen.

Die authentische Organisation in der globalisierten Wirklichkeit

Die Globalisierung wird zwar oft als Beelzebub für alles Unerfreuliche in der Welt verantwortlich gemacht, aber sie ist Tatsache, und das schon seit viel längerer Zeit, als wir es uns eingestehen mögen. Mit dem Luxus, dass sich uns das wahre Gesicht dieser Zeit erst heute nach und nach offenbart, sprechen wir von »Kolonialismus« und meinen damit alle Schattenseiten der Globalisierung vergangener Jahrhunderte. Heutzutage hat sich eigentlich nur eines verringert: der Abstand, zeitlich, aber auch in der realen persönlichen Erfahrung. Kriegs-, Klima-, Wirtschafts- und Politflüchtlinge gehören nun schon seit vielen Jahren zu unserer Wirklichkeit und fordern ein, was wir vorher ohne Gegenleistung von ihnen genommen haben. Es kann uns hier in Europa schon lange nicht mehr egal sein, was in Afrika und auf dem restlichen eurasischen Kontinent passiert. Aber auch die Auswüchse der Wachstumsökonomie im Amazonasgebiet oder in Chile, wo unter maximalem Schaden an Mensch und Natur Avocados für Ernährungsbewusste hergestellt werden,[13] haben Auswirkungen auf das Leben in Europa, wenn zum Beispiel Bauern wegen Wassermangels in den Handel mit oder die Produktion von synthetischen Drogen einsteigen.

Deshalb beginnt gerade ein bemerkenswerter Bewusstseinswandel, der Unternehmen, die auf dem Wege unethischer Lieferketten produzieren, an den Pranger stellt. Auf Initiative der EU-Arbeitsminister ist die EU-Kommission nun aufgefordert worden, ein europäisches Lieferkettengesetz auf den Weg zu bringen.[14] In Deutschland wurde ein entsprechendes Gesetz im Juni 2021 verabschiedet. Die Lebensmittelindustrie wird besonders heftig angegriffen, weil vieles, was sie uns als besonders gesund oder umweltbewusst produziert darstellt, keiner kritischen Beurteilung standhält.[15] Eine authentische Organisation wird sich dieser kritischen Beurteilung stellen und ihr standhalten.

Dass dies ein Rezept für Erfolg sein kann, bestätigt zum Beispiel der Konzern Alnatura.[16] Der Gründer Götz Rehn ist nicht nur in Bezug auf die Nachvollziehbarkeit der Produktions- und Lieferketten um Authentizität bemüht, sondern stellt sich auch seiner sozialen Verantwortung

---

13 https://www.deutschlandfunkkultur.de/superfood-als-umweltkiller-die-schattensei ten-des-avocado.979.de.html?dram:article_id=426828.

14 https://www.dnr.de/eu-koordination/eu-umweltnews/2020-wirtschaft-ressourcen/ auch-mitgliedstaaten-fordern-europaeisches-lieferkettengesetz/ und https://www.dnr. de/eu-koordination/eu-umweltnews/2020-wirtschaft-ressourcen/europaeisches-liefer kettengesetz-naechstes-jahr-soll-es-losgehen/.

15 Siehe dazu Foodwatch. Es ist bemerkenswert, dass eine Non-Profit-Organisation (NPO) gegründet wurde, um Verbraucher zu ermächtigen, der Lebensmittelindustrie den Spiegel vorzuhalten und Druck auszuüben.

16 https://www.geo.de/natur/nachhaltigkeit/17751-rtkl-alnatura-gruender-goetz-rehn-ich-haette-erwartet-dass-wir-schon-viel.

gegenüber den Mitarbeitenden, die er als Gemeinschaft betrachtet. Auch die Firma Trigema ist mit ihrem klaren Bekenntnis zu ethischen Lieferketten und ihrem Verantwortungsbewusstsein für die Mitarbeitenden ein gutes Beispiel dafür, dass ein authentisches Unternehmen nachhaltig und erfolgreich sein kann.

Warum lohnt es sich, eine authentische Organisation zu sein?

Neben den zweifellos vorhandenen Marketingvorteilen, die sich ergeben, weil eine authentische Organisation weniger Angriffsflächen für Kritik bietet und weniger rechtlichen Risiken ausgesetzt ist, ergeben sich auch einige handfeste Vorteile daraus, dass Produkt/Dienstleistung und Geschäftspraktiken sich an Werten orientieren.

Digitalisiert und dezentralisiert

Dass Arbeitsprozesse sowie viele Handgriffe und Tätigkeiten des Alltags in Zukunft von Maschinen übernommen werden sollen, ist des einen Heils- und des anderen Horrorvision.[17] Viele befürchten, dass Arbeitsprozesse, die durch Menschen ausgeführt werden, obsolet werden und manch einer dabei auf der Strecke bleibt. So wird die Frage akut, inwieweit Arbeit – oder allgemeiner »menschliche Tätigkeit« – überhaupt noch von Bedeutung sein wird.

Das sinnstiftende Element der authentischen Organisation wird auch in diesem speziellen Kontext von großer Bedeutung sein, denn das einfache Produzieren – »wie eine Maschine« – wird diese große Frage nach dem Sinn nicht beantworten. Vielmehr ist leicht zu erkennen, dass viele Menschen immer dann zur Höchstform auflaufen, wenn statt Quantität Qualität gefragt ist und sie ihre Kreativität, diese Urform des Menschseins, einbringen können.

---

17 Eine kritische Analyse dazu unternimmt Richard David Precht (2020): Künstliche Intelligenz und der Sinn des Lebens. Goldmann.

Mit der Digitalisierung der Arbeit bildet sich ein weiteres von uns in seiner Wirkung noch nicht überschaubares Phänomen heraus: Arbeit wird dezentral; Teams befinden sich häufig nicht mehr in einem Gebäude oder gar in einem Raum; Meetings finden virtuell statt; Manager und Mitarbeitende treffen sich seltener persönlich. Viele von uns erleben in ihrem Arbeitsalltag, was längst bekannt ist und ständig diskutiert wird, aber noch nicht nachhaltig in unser Bewusstsein eingedrungen ist: Wir sind global vernetzt. Um den »Laden zusammenzuhalten«, wird es von zunehmender Bedeutung sein, dass Mitarbeitende Grund haben, sich mit dem Unternehmen zu identifizieren. Es liegt auf der Hand, dass eine Organisation mit einer authentischen Führungskultur hier besser positioniert sein wird.

Die besten Mitarbeitenden

Auf einem Arbeitsmarkt, der Begriffe wie *war on talent* hervorbringt, stehen Unternehmen – ebenfalls in weltweiter Realität – in großer Konkurrenz zueinander. Das bedeutet auch, dass wertvolle Mitarbeitende problemlos neue Arbeitgeber finden beziehungsweise von ihnen abgeworben werden. Eine authentische Organisation ist attraktiv für die Besten, weil sie die Fragen nach dem Unternehmenszweck und warum ein Mensch hier seine Lebenszeit verbringen sollte, zugleich sinnstiftend und wirtschaftlich erfolgreich beantworten kann. Denn sie stellt Produkte her, die niemandem schaden, die wirkliche Bedarfe und Bedürfnisse decken oder ein Problem lösen. Weil ihre Mitarbeitenden feststellen, dass sie ihre Werte wirklich lebt, erreicht sie einen hohen Identifikationsgrad. Identifikation und das Bewusstsein der Mitarbeitenden, dass ihre Tätigkeit für den Erfolg der Organisation bedeutsam ist, motivieren zu mehr und besserer Leistung. Mitarbeitende sind inspiriert und nutzen kreative Spielräume. So wird Innovation möglich, und es entsteht eine Eigendynamik, die zu höherer Produktivität, weniger Stress und dem sinnvollen Einsatz von Ressourcen führt. Die Organisation lebt innen, was draußen draufsteht.

Die sich differenzierende Welt verlangt auch nach Expertinnen und Experten, und diese wiederum erwarten unter anderem – berechtigter-

und notwendigerweise – einen angemessenen Freiraum, in dem sie agieren können. Um diesen Freiraum gewähren zu können, ist gegenseitiges Vertrauen eine wesentliche Voraussetzung. Neue Strukturen, die anders mit Hierarchien umgehen oder auch ohne sie auskommen, sind notwendig. Führung, ohne Macht über Hierarchien auszuüben, verlangt nach anderen Denkmodellen und Überzeugungen.

Eine Organisation, die für Expert:innen und hoch qualifizierte Mitarbeitende nicht nur attraktiv sein will, sondern sie auch zu Höchstleistungen inspirieren will, wird eine Führungskultur etablieren, die nicht durch äußere Merkmale wie Rang, Titel und Gehaltsstufe Macht ausübt, sondern die durch Authentizität überzeugt.

Neue Konsumenten

Wer offenen Auges anerkennt, welche ungeheure Wirkung die Bewegung Fridays for Future weltweit entfaltet hat, braucht keine hellseherischen Fähigkeiten, um zu erahnen, dass diese Kundschaft Produkte, die den Klimawandel ignorieren oder womöglich verstärken, mit Sicherheit nicht kaufen wird. Aber – und das ist noch wichtiger –: Produkte, die klima- und umweltfreundlich hergestellt werden, finden in der Fridays-for-Future-Generation auch aufgeklärte Kund:innen, die bewusst einen Aufpreis für den Schutz des Planeten und ihrer Zukunft in Kauf nehmen werden.

Wie operiert eine authentische Organisation?

Eine authentische Organisation gibt sich selbst das Versprechen, wahrhaftig zu sein – aber: Nobody is perfect. Entscheidend ist, sich ernsthaft auf den Weg zu begeben und sich mit den Konsequenzen des eigenen Handelns auseinanderzusetzen. Ganz nach Ignatius von Loyola ist der Weg das Ziel, und er bleibt auch das Ziel, weil es immer noch etwas zu verbessern geben wird.

Eine authentische Organisation will ein respektables Mitglied der Gesellschaft sein und erlegt sich selbst die Verpflichtung auf, Positives und

Nachhaltiges zu ihrer Gemeinschaft beizutragen. Sie begreift sich als Teil einer Gemeinschaft, den wir im Solidarzyklus beschrieben haben, und trifft Geschäftsentscheidungen in dem Bewusstsein, Teil dieser Gemeinschaft zu sein. Sie wägt ab und reflektiert, welche ihrer Handlungen in der Konsequenz die geringsten Nachteile und die meisten Vorteile für die Gemeinschaft und die Welt mit sich bringen. Weil sie den Solidarzyklus als hohes Gut begreift, ist sie konsequent transparent und hat nichts zu verbergen.

Für eine authentische Organisation ist Wachstum nicht die oberste Maxime. Gewinne sind notwendig und werden auch angestrebt, aber das oberste Gebot ist, in einer Form zu wirtschaften, die weder Natur – lokal und global – noch Mensch Schaden zufügt. Darauf basierend, definiert eine authentische Organisation ihre Werte und macht sie zur Grundlage all ihrer Geschäftsentscheidungen. Sie benutzt diesen Wertekanon als Orientierungshilfe, aber auch als Bewertungsmaßstab für die Qualität ihres wirtschaftlichen Handelns.

Deshalb ist eine authentische Organisation auch ehrlich und mutig genug, ihren Kund:innen die gesamten Kosten ihrer Produktion, inklusive der einzupreisenden Umweltschäden und so weiter, zuzumuten. Dass diese Beschreibung kein theoretischer Ansatz ist, zeigen bereits große und kleine, lokal und global agierende Unternehmen, die wirtschaftlich gesund eine hohe Strahlkraft auf Mitarbeiter wie Kunden ausüben.

Ein bemerkenswertes Beispiel hier ist die Firma Patagonia, die sich seit Jahrzehnten dem Umweltschutz verschrieben und inzwischen sogar eine Wiederverwertungskette für ihre eigenen Produkte aufgebaut hat. Kunden können ihre abgetragenen Patagonia-Kleidungsstücke zurückgeben und bekommen einen kleinen Gutschein für den Materialwert. Darüber hinaus spendet sie jedes Jahr ein Prozent ihres Gesamtumsatzes an Umweltschutzinitiativen und bildet mit jeder Werbe-E-Mail ihre Kundschaft zu einem Umweltschutzthema weiter. Die biologisch und mit lokalen Zutaten produzierende Eisdiele »The Penny Ice Creamery« in Santa Cruz, Kalifornien wurde sogar von Michelle Obama für ihren unternehmerischen Mut zu einem solidarisch geführten Kleinstunter-

nehmen (und nicht zuletzt die sehr schmackhafte Eiscreme) ausgezeich-
net. Eine weitere kleine Eisdiele, die rundum ökologisch agiert, gibt es im
Ruhrgebiet. (»RheinEis« ist nur leider noch nicht von Michelle Obama
entdeckt worden.)

Was den Autorinnen Mut macht, ist die Tatsache, dass es einige Unternehmen gibt, die sich glaubhaft und authentisch auf den Weg gemacht
haben. Sicher finden sich bei allen – klein und lokal oder groß und global agierend – Punkte, die Kritik hervorrufen können.

Was zählt, ist, dass sie die Schritte gehen, wie etwa die Firma Vaude,
die »Vorausschauend denken. Rücksichtsvoll wirtschaften. Und mit Herz
handeln« zu ihren obersten Werten erklärt und dann ausführt, wie sie
diese Werte lebt. Oder die Drogeriekette dm. Hier hat der Gründer Götz
Werner bei einem Vortrag als Gastprofessor der Universität Duisburg-
Essen 2015 gesagt: »Wenn ich erfolgreich sein will, muss ich mich um die
Bedürfnisse der Mitmenschen kümmern.« Dass er es wirklich so meint,
hat er im Aufbau seines Unternehmens bewiesen. Wertschätzung und
Sinnstiftung hatten für ihn oberste Priorität. Auf den wirtschaftlichen
Erfolg hatte das offensichtlich keinen negativen Einfluss.

Transparenz und das Ende
vom Green- oder Whitewashing

Authentizität lässt sich schwer erreichen, wenn man gleichzeitig etwas
zu verbergen hat. Deshalb ist Transparenz eines der zentralen Merkmale
einer authentischen Organisation und der bestimmende Maßstab in
allen Bereichen der Firmenkultur. Beispielsweise sind die Eigentumsver-
hältnisse von Unternehmen oftmals – vor allem aus steuerlichen Gründen – durch Holdings verschleiert. Für Transparency International war
das der Anlass, das Thema »Beneficial Ownership« zu einer der Haupt-
stoßrichtungen ihrer Tätigkeit anzuheben. Eine authentische Organisation weiß, dass die Taktik des Green- oder Whitewashings mit Sicherheit
ins Aus führt. Denn keine Generation hat mehr seismografisches Gespür
für Mogelpackungen als die Fridays-for-Future-Aktivisten. Deshalb sind
authentische Organisationen oder Unternehmen, die nicht nur so »tun,

als ob«, sondern ein klares Bekenntnis zu Wahrhaftigkeit und Transparenz abgeben, unerlässlich und der einzige Weg in eine wirtschaftlich gesunde Zukunft, die keinem schadet – weder den Menschen noch der Natur.

Eine neue Führungskultur

Die Führungskultur einer authentischen Organisation trägt dem sich selbst gegebenen Versprechen und dem selbst formulierten Wertekanon Rechnung und nimmt beides konsequent ernst. Die authentische Organisation verkörpert nicht nur zeitgemäße gesellschaftliche Werte, sie ist Mitentwickler und Treiber der Innovationen auf allen Qualität generierenden Ebenen. Sie verlässt sich nicht auf Hierarchien und operiert inkludierend, partizipativ, gender- und diversitygerecht.

Menschen, die in solchen Organisationen Führungsrollen innehaben, können sich deshalb nicht hinter Ausreden verstecken. Irgendwann tritt immer zutage, wann sie eine Entscheidung gescheut haben, wann ihr moralischer Kompass versagt hat, wann sie sich gegen besseres Wissen dem Druck der Aktionäre gebeugt haben oder wann sie schlicht aus Egoismus gehandelt haben. Sie stehen vor der monumentalen Lebensaufgabe, ihre Rolle als Akteure in einem größeren – weltweiten – Ganzen zu verinnerlichen und ernst zu nehmen. Es gilt vor allem, die Standhaftigkeit zu entwickeln, sich dem Druck von Aktionären oder auch ihrem eigenen Egoismus zu widersetzen, wenn klar ist, dass ihre Entscheidungen eine weit größere Reichweite haben als nur eine finanzielle.

Wie entsteht eine authentische Organisation?

Eine authentische Organisation entsteht – man wagt es in diesen Zeiten kaum zu sagen – durch Transformation von oben nach unten (Topdown), nämlich durch die Veränderung der Führungskräfte zu authentischen *Führungspersönlichkeiten*.

Der besondere Charme: Weil nicht das ganze Unternehmen in einem weiteren kosten- und energieintensiven Reorganisationsprozess umgekrempelt wird, sondern der Prozess individuell bei den Führungskräften ansetzt, ist die Transformation zur authentischen Organisation extrem budgetfreundlich und sozusagen das Musterbeispiel für einen effizienten und kostengünstigen Change. Ohne an die eingeübten und bewährten Prozessen zu rühren, tritt eine Veränderung ein, weil nicht das System neu konzipiert wird, sondern die Veränderung in der Führungskraft, ihrer inneren Haltung zur Situation, zu den Menschen, zur Umwelt und dem Unternehmen ihren Anfang nimmt. Durch authentisches Führungsverhalten wird somit ein Veränderungsprozess angestoßen, der in seiner Wirkung einzigartig ist, weil er sich von innen heraus vollzieht und nicht von außen verordnet wurde. Authentische Führungspersönlichkeiten setzen unweigerlich die umfassende Transformation im Unternehmen, eben zur »authentischen Organisation«, in Gang.

Haltung – Handlung – Resultate: ein Ausblick

Studien und Erfahrungen zu gescheiterten Veränderungsprozessen sprechen eine deutliche Sprache: Gute Konzepte und innovative Methoden haben nur begrenzten Einfluss auf Gelingen oder Nichtgelingen von Veränderungsprozessen. Das Entscheidende ist die Haltung der Führungspersönlichkeiten. Eine veränderte Haltung führt zwangsläufig zu anderen Handlungen und damit auch zu anderen Resultaten. Diese Kette gilt es anzustoßen, um eine unternehmensweite Transformation herbeizuführen. Aus diesem Grund setzt dieses Buch bei den Veränderungen an, die die Führungskräfte vollziehen, um den Prozess zuerst einmal in Gang zu bringen.

Mit Haltung zum Wandel

Die neue Haltung, die es zu erarbeiten gilt, ist bedingungslos lösungsorientiert, kompromisslos ehrlich, konsequent transparent und zu jeder Zeit von Mitarbeitenden und allen anderen Stakeholdern erkennbar und idealerweise auch nachvollziehbar. Zu dieser Haltung zu finden verlangt nach der Öffnung neuer innerer Räume, die Veränderung erst möglich machen. Damit einher geht die Bereitschaft, die eigene Persönlichkeit und die eigene Handlungsmotivationen zu hinterfragen. Denn wer führt, ist das Zentrum einer Vielzahl von Beziehungen und kann es sich heutzutage – in einer zunehmend kritikfähigen Arbeitswelt – schlicht nicht erlauben, stoisch auf der Stelle zu treten und die immer wieder gleichen Handlungsmuster weiterhin zu pflegen. Denn wer stehen bleibt, den bestraft die sich ständig und schnell wandelnde Realität.

Der erste Schritt ist das ernst gemeinte Bekenntnis einer Führungskraft zur Wahrhaftigkeit.[18] Wahrhaftigkeit besteht in der Übereinstimmung von Ausdruck und Überzeugung und ist die dauernde Bereitschaft, aktiv an dieser inneren und äußeren Übereinstimmung zu arbeiten und sie immer wieder herzustellen. Dies erfordert, eigene Überzeugungen zu artikulieren, und wer sich auf diesen Prozess einlässt, wird unweigerlich bei der Sinnfrage ankommen. Wer im Sinn allen Handelns mehr sieht, als Geld zu verdienen und dann in »die Kiste zu fallen«, wird zwangsläufig Werte, die für das eigene Leben bestimmend sind, formulieren.

Wer Wertevorstellungen entwickelt hat, richtet den Blick in eine Zukunft, die anhand dieser Werte zu gestalten ist. Die immer neuen Enthüllungen im Zusammenhang mit dem Cum-Ex-Skandal, dessen handelnde Personen zwar alle ein legales Schlupfloch ausnutzten, aber kaum als »Wertegemeinschaft« zu bezeichnen sind, führen uns vor Augen, dass zweifelhafte Geschäfte, Lippenbekenntnisse oder Entscheidungen zulasten Dritter selten ohne Bumerangeffekt über die Bühne gehen. Die gesellschaftlichen Kosten über die enormen der Allgemeinheit vorenthaltenen Steuerzahlungen hinaus sind schwer zu ermessen. Aber wenn man die Signalwirkung, die dieses oder vergleichbares »Ich bin doch nicht blöd«-Verhalten entfaltet, einpreisen wollte, wäre die Summe astronomisch.

Bei dem von Media-Markt-Gründer Walter Gunz formulierten Slogan »Ich bin doch nicht blöd« und seinem Buch *Ich war doch nicht blöd* ist eine besondere Tragik eingetreten, die illustriert, warum authentische

---

18 Siehe dazu das Kapitel »Wahrhaftigkeit«.

Organisationen wirklich die Auswirkungen ihrer Handlungen genauestens kalkulieren müssen. Der Slogan war enorm erfolgreich und in höchstem Maße infektiös, sodass in den 1990er-Jahren, wenn dieser Spruch kam, die meisten Deutschen sofort den Media Markt assoziierten. Die Entwicklung ist insofern tragisch, als Gunz durchaus werteorientiert handelte und dies in Interviews[19] und in seinem Buch auch glaubhaft darlegt. In der breiten Masse wurde der Slogan (und sein Nachfolger »Geiz ist geil«) aber so verstanden, dass man rücksichtslos und nur auf den eigenen Vorteil bedacht Sonderangebote abzockt.

Die Slogans waren so verfänglich, weil sie die Menschen an ihrer eigenen Eitelkeit packten. Wer nicht das allerbilligste Produkt kaufte, war eben blöd. Dass es auch viele andere Gesichtspunkte gibt, die einen kleinen Aufpreis rechtfertigen – Vermeidung von Ausbeutung und langen Lieferwegen, Erhalt von kleinen Geschäften, Einkauf in anderer Atmosphäre, etc. –, geht dabei unter. Dies ist ein eklatantes Beispiel dafür, wie innere Überzeugungen und äußere Handlungen komplett inkongruent nebeneinanderher laufen und zu Ergebnissen führen, die auch den philosophisch tiefgründig denkenden Walter Gunz erschrecken müssen. Was ist da passiert?

Viele Führungskräfte legen sich keine Rechenschaft ab über die Konsequenzen ihrer Handlungen und kennen sich selbst kaum. Sie haben die Instrumente des Führens gelernt,[20] ohne eine Haltung zu internalisieren, die ihnen erlaubt, auch noch gut auszusehen, wenn sie sich selbst einen kritischen Spiegel vorhalten.

Ein Bekenntnis zur Wahrhaftigkeit verlangt, eine selbstkritische Haltung zu formen und beizubehalten, die eigenen Äußerungen ernst zu nehmen« und Handlungen immer wieder auf den Prüfstand zu stellen und zu hinterfragen, ob sie den eigenen Werten und Überzeugungen entsprechen und – soweit dies erkennbar ist – nach bestem Wissen und Gewis-

---

19 https://www.br.de/fernsehen/ard-alpha/sendungen/alpha-forum/walter-gunz-gespra ech-100.html.
20 Anselm Grün, Bodo Janssen (2017): Stark in stürmischen Zeiten, Ariston, S.14.

sen das Beste für das Unternehmen, die Mitarbeitenden, die Kund:innen, den Planeten und die Zukunft bedeuten.

Vorstände, Geschäftsführende, Eigentümer:innen, kurzum alle, die ultimativ für den Erfolg und Fortbestand von Unternehmen, Verbänden, gemeinnützigen oder politischen Organisationen und deren Mitarbeitende, Mitglieder oder Begünstigte Verantwortung tragen, sind daher gut beraten, sich sehr genau anzuschauen, mit welcher Haltung – und das heißt zwangsläufig auch, mit welchen Werten – sie selbst wie auch die Menschen führen, denen sie große Verantwortung anvertrauen.

Mit Haltung zur Handlung

Zwar ist es unmöglich, die Auswirkungen unserer Handlungen bis in die letzte Schleife vorherzusehen, aber eine bestmögliche Auswertung aller am jeweiligen Horizont erkennbaren Vor- und Nachteile muss jede Entscheidung einer Führungskraft begleiten.

Trotzdem brauchen Führungskräfte den Mut, Entscheidungen zu treffen, ohne wirklich wissen zu können, welche Auswirkungen und Kettenreaktionen daraus folgen. Hier liegt die besondere Anforderung an Führungskräfte: Auf welcher Grundlage können Führungskräfte in der VUCA-Welt (Volatile, Uncertain, Complex, Ambiguous) überhaupt entscheiden? Es hat sich immer wieder gezeigt, dass Führungskräfte, die zumindest alle ersichtlichen Konsequenzen in dokumentierter Form überdacht hatten, besser dastanden – in der öffentlichen Wahrnehmung oder auch vor Gericht – als solche, die diese Frage einfach ignoriert hatten. Es bleibt der unvorhersehbare Teil. Hier spielen Handlungsmotivation und wie glaubhaft und authentisch sie vorgetragen wird, die entscheidende Rolle.

Da Entscheidungen von Führungskräften auf anderen Ebenen (zum Beispiel für Mitarbeitende oder Anwohner:innen in der Nähe eines Fabrikgeländes) durchaus tief greifende Veränderungen bedeuten können und so auch von ihnen wahrgenommen und beurteilt werden, entwickelt sich nun schon rasant seit einigen Jahren die Branche des Risikomanagements. In Zeiten einer zunehmend mündigen Bevölkerung, die für ihre Rechte einzustehen bereit ist, können die Konsequenzen von verantwortungslosem und/oder unreflektiertem Handeln fatal sein.

In Bezug auf die Werte, die unser Handeln bestimmen, gehört mit unserem heutigen Wissensstand nur wenig Fantasie dazu, sich auszumalen, dass alles, was wir heute egoistisch über das Maß unserer echten Bedürfnisse hinaus »nehmen«, genau genommen »wegnehmen« heißt. Daraus ergibt sich zwangsläufig die Frage, ob wir – als Konsument wie auch als Führungskraft – das, worauf unser Auge gerade fällt, wirklich benötigen, ob die einfachste Lösung die beste ist und ob es andere Wege mit weniger negativen Auswirkungen gibt. Dies ist kein Plädoyer für Verzicht, aber es ist eines *gegen* Verschwendung und *für* verantwortliches Handeln.

Wenn die oberste Führungsriege in diesem Sinne beim verantwortlichen Handeln angekommen ist, wird dieses Beispiel sich auf die nächsten Ebenen übertragen und diejenigen ansprechen, die aus sich heraus motiviert sind, Veränderungen mitzugestalten.

Die Entwicklung der authentischen Organisation setzt auf das Gesetz der Diffusion von Innovation. Simon Sinek beschreibt hier unter anderem, wie die Einführung und Verbreitung von Veränderungen in sozialen Systemen funktioniert. Demnach seien 2,5 Prozent der Bevölkerung sogenannte Innovatoren, und 13,5 Prozent gehörten zu den frühen Übernehmern, die neue Ideen – also auch Veränderungen – umgehend aufgreifen. Dieses gilt selbstverständlich auch für alle Mitarbeitenden. Gelingt es, den Sinn der neuen Haltung über die Innovatoren in die Gruppe der 13,5 Prozent zu pflanzen, dann wird sich der Wandel vollziehen, ohne Kampf und Gegeneinander.[21]

---

21 Simon Sinek (2017): Frag immer erst: warum, 4. Auflage, S. 110. »Wie im Gesetz [der Diffusion von Innovationen; die Autorin] festgestellt, sind 2,5 % der Bevölkerung Innovatoren, die folgenden 13,5 % frühe Übernehmer, die neue Produkte oder Ideen aggressiv aufgreifen und von grundlegenden Fortschritten fasziniert sind; der Erste zu sein ist zentraler Bestandteil ihres Lebens. Wie der Name sagt, sind die Innovatoren der schmale Prozentsatz der Bevölkerung, die den Rest dazu herausfordern, die Welt anders zu sehen und anders über sie zu denken.«

Und hier ist noch eine der unglaublich guten Nachrichten beim Aufbau einer authentischen Organisation: Es braucht im ersten Schritt nur 2,5 Prozent der Mitarbeitenden, die vom Sinn und Nutzen der Haltung überzeugt sind, damit sich der Wandel vollzieht.

Von der Führungskraft
zur authentischen Führungspersönlichkeit

◆ Jedes Unternehmen hat Führungskräfte, aber bei Weitem nicht alle sind Führungspersönlichkeiten, und nur wenige werden als authentisch wahrgenommen.

◆ Eine Führungskraft wird über den entsprechenden Arbeitsvertrag positioniert. Eine Führungspersönlichkeit manifestiert sich in allem, was nicht im Arbeitsvertrag festgehalten ist.

Die Transformation von der Führungskraft zur Führungspersönlichkeit führt darüber, wirklich bei sich selbst anzukommen. Dies setzt einen hohen Grad an Selbstbewusstsein voraus, und zwar im eigentlichen Wortsinn. Es geht darum, sich selbst wirklich gut zu kennen und sich seiner Bedürfnisse, seiner Grenzen und seiner Fähigkeiten bewusst zu sein.

Deshalb ist diese Transformation zugleich einfach und schwer. Einfach ist, dass wir in Bezug auf unser Selbst alle Fäden in der Hand halten. Das Schwere sind der Umgang mit unseren eigenen Widerständen und die wirkliche Veränderung unserer bewussten und unbewussten Überzeugungen. Deswegen war das Leitmotto von Morihei Ueshiba, dem Begründer des Aikido, dessen Philosophie dieses Buch inspiriert hat und in ihm maßgeblich reflektiert ist: »Der wahre Sieg ist der Sieg über das Selbst.«[22] Oder aber, wie Bodo Janssen und Anselm Grün es formuliert haben: »Nichts ändert sich, bis du dich selbst änderst ,und dann ändert sich alles.«[23] Die größte Schwierigkeit besteht darin, dass wir uns selbst den Spiegel vorhalten und schonungslos anerkennen, wer wir sind. Die Frage »Wer bin ich?«

---

22 Morihei Ueshiba. Dieses Motto findet sich auf Kalligrafien in Aikido *Dojos* auf der ganzen Welt.

23 Anselm Grün, Bodo Janssen (2017): Stark in stürmischen Zeiten, S. 14.

können sich die wenigstens Führungskräfte beantworten. Sätze, die mit »Ich bin«, »Ich stehe für«, »Ich setze mich ein für« beginnen, sind selten geworden oder werden zwar ausgesprochen, haben aber keinen wahrhaftigen Gehalt, während Sätze, die festhalten, was wir alles nicht sind, nicht können, nicht wollen, Hochkonjunktur zu haben scheinen.

Bedenkenträger, notorische Kritiker, Zögerer und Verweigerer wollen jedoch vor allem eines: keine Verantwortung für ihre Handlungen und Aussagen übernehmen. Denn Verantwortung bedeutet auch immer gleichzeitig Risiko und Denken über den aktuellen Erfolg hinaus, bis hin in eine Zukunft, in der die Gestalter schon nicht mehr da sind.

Worin besteht das Risiko eigentlich? Die »Neinsager:innen« fürchten vor allem um ihre Karriere und Sicherheit. Führungspersönlichkeiten sind nicht angstgesteuert, sondern treffen Entscheidungen, die den besten absehbaren Erfolg für das Unternehmen oder auch die Unternehmung/das Projekt anstreben. Dabei sehen, kalkulieren und gehen sie Risiken wissentlich und vollverantwortlich ein.

Die sehr, sehr gute Nachricht ist, dass man nicht als Führungspersönlichkeit geboren sein muss, sondern sich die innere Haltung, die eine Führungspersönlichkeit ausmacht, aneignen kann. Denn die innere Haltung ist der Dreh- und Angelpunkt der Authentizität. Gleiches gilt auch im organisatorischen Sinne, wenn dieser Ansatz in die Praxis umgesetzt wird.

Eine Führungspersönlichkeit äußert sich in positiven Aussagen. Sie weiß, wer sie ist, und leitet daraus ab, wofür sie steht und wohin sie will. Dafür übernimmt sie die Verantwortung und trägt das volle Risiko. Denn eine Führungspersönlichkeit will nicht nach oben, sondern nach vorne. Sie weiß, dass sie damit auch nach oben kommt, auch und vor allem *wenn* das gar nicht das vorrangige Ziel ist.

Dieses Buch beschreibt sowohl theoretisch als auch praktisch den Weg, der über die Führungspersönlichkeiten zu einer authentischen Organisation führt. Im nun folgenden zweiten Teil geht es um die philosophischen Grundlagen, die die Autorinnen für zielführend erachten, um die authentische Organisation zu realisieren.

Teil 2

Haltung

In diesem Teil befinden sich Anregungen, die eigenen Haltungen zu finden und zu reflektieren. Sie können getrost später auf sie zurückkommen, falls Sie sich zunächst auf die praktischen Impulse im dritten Teil des Buches konzentrieren möchten. Einzig das Kapitel über Aikido zu lesen, dessen Philosophie und Haltung dieses Buch maßgeblich leitet, möchten wir Ihnen ans Herz legen.

Porträt von Morihei Ueshiba.

Aikido

Im Zusammenhang mit Führungsaufgaben werden Kampfsportarten oft zurate gezogen. Das ist nichts Neues. Die meisten – nicht nur die asiatischen – bieten effiziente Techniken des Siegens und der Selbstverteidigung an. Bei Aikido kommt nun eine andere, innere Perspektive ins Spiel. Es ist von seinem Ursprung her keine Kampfsportart, sondern im besten Falle eine friedvolle Kampfkunst, bei der sich eine angst- und aggressionsfreie Geisteshaltung entwickelt. Das macht es besonders. Es gibt im Aikido keine Wettkämpfe, und es geht nicht darum, zu gewinnen oder seine Überlegenheit zu zeigen. Vielmehr verlangt das Aikido, in allen Konfliktsituationen Gewalt zu entschärfen. Dabei wendet der Aikidoka (jemand, der Aikido praktiziert) zwar effiziente Techniken an, aber so, dass Verletzungen vermieden werden und alle Beteiligten ohne Gesichtsverlust aus der Sache herauskommen. Niederlage oder Gesichtsverlust können Rachegefühle hervorrufen und den Konflikt erneut anfeuern. Auch das soll nicht passieren. Der Aikidoka wird in einer Konfliktsituation die Angriffsenergie umlenken, sodass ein Kampf gar nicht erst entsteht.

Das Aikido dreht unser herkömmliches Verständnis, dass die Angreifenden die Situation dominieren, dahingehend um, dass die Angegriffenen die Situation kontrollieren und das Ergebnis gestalten. Ein Aikidoka will immer sein Ziel erreichen und die Situation im Griff haben, lässt sich aber nicht auf unproduktive Zweikämpfe ein.

Wir wissen, das klingt unglaublich – uns ging es nach unserem ersten Kontakt mit Aikido ja auch nicht anders. Die Möglichkeiten, die sich dadurch eröffnen, haben uns fasziniert und nicht mehr losgelassen. Denn durch die Haltung, die einerseits klar und aufrecht ist, andererseits deeskalierend wirkt und gleichsam konsequent lösungsorientiert ist, ermöglicht es, den idealen Umgang mit Herausforderungen, Konflikten und Aggression im beruflichen Alltag zu ebnen und möglich zu machen.

Deshalb ist es uns ein großes Anliegen, mehr von dieser Haltung des Aikido in der Arbeitswelt und der Betriebskommunikation zu verankern. Denn es ist erstaunlich, was dadurch alles in Bewegung kommen kann.

Das Geheimnis ist, dass Aikidoka sich so sehr von der ihren Handlungsspielraum einschränkenden Wahrnehmung und Gefühlen wie Angst, Eitelkeit, Unsicherheit, Jähzorn befreit haben, dass sie einem Angriff mit Gelassenheit begegnen und ihn ohne eigene Aggression umgestalten können.

Um das zu erläutern, möchten wir Sie nun auf eine Reise in die famose Welt des Aikido mitnehmen. Eine Reise in die Gedankenwelt, die wichtigsten Theorien und Begriffe.

Warum Aikido?

Aikido wird auch als »Art of Peace« bezeichnet, die Kunst des Friedens. Dies ist eine Bedeutung, die sich aus dem Namen ableitet.

Ai   Harmonisieren, zusammenführen, vereinen

Ki   Lebensenergie

Do   Weg

Ai steht für Harmonie, Kontakt und Verbundenheit anstelle von Dissonanz, Distanz und Desinteresse. Ohne Gefühlsduselei oder Nachgiebigkeit ist Miteinander das Ziel. Ein Aikidoka handelt immer eindeutig.

Mit *Ki* ist die Lebensenergie gemeint, die jedem Lebewesen innewohnt und der Gestaltung des Lebens zur Verfügung steht. Es ist auch die Energie, mit der ein Angriff ausgeführt und empfangen wird.

Do ist als der Lebensweg, den wir wählen, und die Synergien, die wir erzielen, zu verstehen. Es ist ein generativer Prozess, der weder aggressiv noch defensiv ist.

Die Aikidotechniken sind höchst wirksam, vermeiden es aber – wie gesagt –, den Gegner zu verletzen, obwohl sie es leicht könnten. Ihre Wirksamkeit ist nicht durch Kraftanwendung begründet, sondern dadurch, dass sie sich die Angriffsenergie zunutze machen. In einer perfekt ausgeführten Aikidotechnik fließen die Energien des Angreifers und des Angegriffenen so zusammen, dass Synergien entstehen. Dies ist möglich, weil ein Aikidoka eben nicht mit Aggression auf Aggression *reagiert*, sondern mit dem höheren Ziel einer besseren Lösung *agiert*.

Die besondere Zielsetzung des Aikido

Unsere Reise beginnt mit einem Ausflug in die Geschichte. Der Urheber des Aikido, Morihei Ueshiba (1883–1969), entwickelte diese neue Form der Kampfkunst nach zwei Weltkriegen mit der dezidierten Absicht, die martialische und auf Wettbewerb und Eskalation gegründete militärische Mentalität Japans zu verändern.

Es war ihm klar, dass dies nicht mit friedlichen Botschaften allein zu bewerkstelligen sein würde. Deshalb adaptierte er viele Techniken der klassischen japanischen Kampfkünste – die er jahrzehntelang studiert hatte –, versah sie mit einer friedfertigen Absicht und kombinierte sie zu einer neuen Richtung, die er »Aikido« nannte. Er selbst war ein hoch respektierter, wenn nicht gefürchteter Kämpfer, und es kursieren eine Vielzahl von Geschichten, wie der körperlich schmächtige Ueshiba mächtige und ihm physisch weit überlegene Angreifer ohne den geringsten Kraftaufwand zu Boden zwang. Nach anfänglicher Teilnahme an verschiedenen Demonstrationen auch am Hofe des japanischen Kaisers kam er zu dem Schluss, dass er den Geist, der diesen Wettkämpfen innewohnte, nicht weiter unterstützen wollte, und nahm nie wieder an Schaukämpfen teil. Stattdessen widmete er sich der Verbreitung des Aikido, reiste international und betraute seine direkten Schüler[24] damit, das Aikido weiterzuentwickeln und mit seiner Hilfe die »Weltenfamilie« zu errichten.[25]

---

24 Viele seiner direkten Schüler sind dieser Aufforderung gefolgt und haben außerhalb Japans Aikido *Dojos* gegründet. Dazu gehören Katsuki Asai Sensei in Düsseldorf, Yoshimitsu Yamada Sensei in New York, Mitsugi Saotome Sensei in Florida, Kazuo Chiba Sensei in England und Kalifornien und viele mehr.

25 Eine gute Darstellung der frühen Geschichte des Aikido enthält: Linda Holiday (2013): Journey to the Heart of Aikido. Blue Snake Books. Teil 2 des Buches beinhaltet Gespräche mit ihrem Lehrer Motomichi Anno Sensei, der ebenfalls noch bei Ueshiba Aikido studierte.

Kalligrafie von Morihei Ueshiba:
Der wahre Sieg ist der Sieg über sich selbst.
Mit freundlicher Genehmigung von Aikido of Santa Cruz.

Unter Aikidoka hat das funktioniert: Wo immer auf der Welt ein Aikido-*Dojo*[26] zu finden ist, werden Gleichgesinnte mit Freude und Großzügigkeit die Tür öffnen und reisende Aikidoka willkommen heißen.

---

26 *Dojo* – Ort des Weges, Trainingsstätte.

Ueshiba, von Aikidoka auch »O-Sensei« (großer Lehrer) genannt, entwickelte das Aikido als einen Weg, wie der Mensch wieder zu seiner ureigenen, seiner Überzeugung nach mitfühlenden Natur zurückkehren könne. Er stellte fest, dass Aggression aus Angst geboren wird und dass Angst kein natürlicher Zustand des Menschen ist. Um zu ihrer wahren Natur – ohne Angst – zurückzukehren, brauchen Menschen die Fähigkeit, nicht aus angstgetriebenem Affekt zu handeln.[27]

Das befreite Selbst – Lösungen anstelle von Konflikten

Die besondere Weisheit des Ansatzes von Morihei Ueshiba ist, dass Techniken besser funktionieren, das heißt Lösungen eher erzielt werden können, wenn das Siegenwollen, das Besser-sein-Wollen nicht mehr der Antrieb und das Ziel des Handelns sind. Deshalb formulierte er die oft zitierte Sentenz: Der wahre Sieg ist der Sieg über das Selbst. Als Kalligrafie schmückt dieser Ausspruch viele Aikido-*Dojos* weltweit.

Mit der Forderung, das Selbst beziehungsweise sich selbst zu besiegen, meinte Ueshiba, sich von kompetitiven und konkurrierenden Mustern zu befreien.[28] Es geht also darum, das Positive in der eigenen Person freizulegen, sodass es sich in unseren Handlungen entfalten und auswirken kann. Seine Forderung war es, unsere innere Schönheit zu formen durch ständiges Polieren unserer Haltung, das heißt durch konsequente Selbstführung, durch Aufmerksamkeit, Präsenz und unablässiges Hinterfra-

---

27 Morihei Ueshiba hat keine Bücher verfasst. Seine Botschaften hat er meistens mündlich, durch Vorträge oder im Unterricht und auch auf dem Wege seiner Kalligrafien vermittelt. Eine Zusammenstellung findet sich in: The Heart of Aikido (2013), Kodansha. Sie wurden von mehreren seiner Schüler gesammelt und von John Stevens übersetzt. Eine gekürzte E-Book-Ausgabe findet sich hier: https://www.ebook.de/de/product/35460630/john_stevens_aikido.html.

28 Ein Artikel von Kazuo Chiba Sensei erklärt ausführlicher, was damit gemeint ist. Chiba, TK. »Sansho«, Sansho: Journal of the United States Aikido Federation Western Region, 26. April 1983.

gen unserer Motive, woraus sich für uns die Eignung von Aikido als Programm für die Entwicklung der Persönlichkeit ableitet.

Das besondere Merkmal der Haltung des Aikido ist seine Friedfertigkeit. Ein Aikidoka steht in der Verantwortung, alle Beteiligten zu schützen, also auch die Angreifenden nicht zu vernichten, sondern durch klare Haltung und Handlung die Kontrolle über die Situation zu behalten und die Konfliktenergie in eine konstruktive Richtung zu lenken. Diese Haltung lässt sich natürlich und gerade auch auf nicht physische Angriffe anwenden. Weil die Antworten nicht von Gewaltbereitschaft her motiviert sind, wird die eigentliche Konfliktspirale unterbrochen. Es gibt keine Gewinner oder Verlierer, und deshalb eignet sich Aikido als Ansatz zur Entschärfung und Lösung von Konflikten.

Einige Aikidogrundbegriffe
und ihre Bedeutung für den Haltungswandel

Dingo: »Hier beginnt die nächste Etappe der Reise in meine Welt des Aikido. Sie werden eingeführt in Techniken und den dahinterliegenden Sinn. Sie erfahren die wichtigsten Begriffe dazu und werden am Ende dieses Kapitels verstehen, warum die Autorinnen und ich selbst der Überzeugung sind, dass die Haltung des Aikido neue Räume nach innen und außen eröffnen kann.«

In den Impulsen des 3. Teils werden wir verschiedentlich auf diese Begriffe zurückgreifen. Ein Glossar zu den wichtigsten Begriffen finden Sie auch am Ende des Buches.

Die Rollen von *Uke* und *Nage*

Mit Aikido machen wir uns auf den Weg zu einer friedvollen und kreativen Lösung von physischen Angriffen. Das Verstehen und Erlernen dieses Weges vollzieht sich hauptsächlich durch Üben in Paaren. In diesen Paaren übernimmt eine Person die Rolle des Angreifenden, und die zweite Person führt eine Technik aus, um die Angriffsenergie umzulenken.

Diese Rollen heißen »Uke« und »Nage«, wobei *Uke* angreift und die Technik (Antwort) von *Nage* empfängt. *Uke* praktiziert *Ukemi* – das Empfangen, in diesem Falle das Hinfallen nach der Technik. Im Aikido-Training nehmen alle abwechselnd die Rolle von *Uke* und *Nage* ein.

Die Person, die die Rolle von *Nage* – Angegriffener – innehat, ist in der Pflicht, durch eine eindeutige Handlung, aber ohne *Uke* – Angreifender – zu verletzen, dem Angriff ein Ende zu machen. Das setzt voraus, dass *Nage Uke* gegenüber eine friedfertige und positive Haltung beibehält, keine Aggression verspürt und sich nicht auf Zweikämpfe einlässt.

Nage übernimmt also in der Rolle des Angegriffenen die Führung. Das ist die zunächst erstaunlichste Umkehrung unseres herkömmlichen Verständnisses von Konfliktsituationen, in denen der Angegriffene sich ver-

Demonstration einer Aikidotechnik.
© *Beau Saunders.*

teidigt. Hier ist Verteidigung zwar ein Effekt, aber das Ziel ist Konflikt-
entschärfung, Umgestaltung, Neuausrichtung.

In der Haltung des Aikidoka ist dies vor allem eine Rolle von Verantwortung.

Verantwortung,

* den Konflikt positiv zu lösen
* ein besseres Ergebnis zu erzielen
* niemanden zu verletzen
* ein Aufstehen in Würde zu ermöglichen
* für einen weiteren Angriff gewappnet zu sein, um spätestens dann zu
  einem besseren Ergebnis zu kommen

Der fortgeschrittene *Nage* weiß auch, dass:

◆ Erfolg oder Misserfolg von der eigenen Disziplin abhängen, nicht in aggressive Kampfmuster zu verfallen
◆ Starre zum Scheitern führt
◆ Weglaufen oder Abwenden die aggressiven Instinkte von *Uke*, angreifende Person, stärken
◆ die Verbindung zu verlieren gefährlich und im schlimmsten Fall fatal ist

Nage operiert daher nach vier höchst effizienten Prinzipien:

1. Prinzip: Verbindung halten – *Musubi*

Weil wir evolutionsbedingt den Säbelzahntiger noch im Hinterkopf haben, reagieren wir bei Gefahr aus instinktivem Reflex mit Kampf, Flucht oder Totstellen. In allen drei Fällen wollen wir die Verbindung mit dem Angreifer kappen. Aber in modernen Kontexten, für die wir als Homo sapiens angepasst sind, stehen uns andere Möglichkeiten zur Verfügung.[29] Genau damit arbeitet das Aikido.

Wenn Aikidomeister über die Verbindung von *Uke* und *Nage* sprechen, ziehen sie öfter mal die Parallele zu einem Gummiband. *Uke* und *Nage* bewegen sich beide in einem elastischen Verhältnis zueinander, wobei *Nage* den Mittelpunkt bildet, um den das Geschehen kreist. *Nage* erwartet, dass *Uke* zum Angriff ansetzt, und wird genau spüren, wann die Spannung im Gummiband nachlässt und *Uke* beginnt, sich in seine Richtung zu bewegen. Je näher *Uke* kommt, desto entscheidender ist es, die Verbindung aufrechtzuerhalten, denn *Nage* kann das Ergebnis nur gestalten, wenn er die Verbindung hält. Ein Augenblick der Unachtsamkeit kann für *Nage* fatal sein.

Der zentrale Akt zum Umgang mit dem Angriff ist also, einen Kontakt herzustellen und zu halten, statt ihm auszuweichen. Dabei geht es, wie unschwer vorstellbar ist, über den physischen Kontakt hinaus auch um den geistigen und spirituellen Kontakt.

---

29 Siehe dazu auch das Kapitel »Reflexion statt Reflex«.

2. Prinzip: Zuwenden – *Irimi*

Statt zu warten, bis der Angriff so nahe gekommen ist, dass seine Handlungsmöglichkeiten eingeschränkt sind, geht *Nage*, der Angegriffene, einen Schritt auf *Uke*, den Angreifer, zu – im Idealfall einen Bruchteil einer Sekunde bevor der Angriff startet. Daraus ergibt sich der Vorteil, nicht auf den Angriff reagieren zu müssen, sondern agieren zu können. *Irimi* ist eine aktive Bewegung in Richtung des Angreifers, die *Nage* erstaunlicherweise in die Lage versetzt, die Situation lenken zu können.

Diese innere und auch äußere Hinwendung zum Angreifer macht den entscheidenden Unterschied, wie der Angriff ausgeht.

Psychologisch betrachtet, ist es die Stärke, die wir wahrnehmen, wenn Menschen Verwundbarkeit zulassen können. Sie wenden sich nicht ab, sondern zu. Sie sind nicht ängstlich bei sich, sondern zugewandt bei dem anderen.

3. Prinzip: Einschwingen – *Tenkan*

Nage, der Angegriffene, kann sich entscheiden, den Angriff in eine andere Richtung zu lenken. Er vollzieht dabei eine 180-Grad-Wendung, *Tenkan*, um in der gleichen Richtung zu stehen wie *Uke*, der Angreifer, und die Situation aus der gleichen Perspektive betrachten zu können. Das überraschende und entscheidende Moment hierbei ist, dass das Ziel des Angriffs einfach nicht mehr da ist. *Ukes* Angriff hat also seine Orientierung verloren. Von hier aus kann *Nage* eine neue Richtung einschlagen. Dies ist also nicht die klassische 180-Grad-Wendung einer Person ohne Standpunkt, sondern in diesem Prozess des Drehens hat *Nage* die Führung übernommen, ist zum Mittelpunkt der Handlung geworden und lenkt das weitere Geschehen.

4. Prinzip: Zur Seite treten

Eine weitere Möglichkeit des Agierens ist, geringfügig zur Seite, das heißt aus der direkten Angriffslinie zu treten, und *Uke*, den Angreifer, »vorbeizulassen«. Dieses Prinzip ist wichtig, weil es für *Nage* fatal wäre, in frontaler Position den Angriff auf sich niederprasseln zu lassen. Das Zur-Seite-Treten ist aber nicht nur ein Akt des Selbstschutzes, sondern auch effektiv, um selbst das Heft in die Hand zu nehmen, denn im Moment des Angriffs, wenn der Angreifer besonders wenig Balance hat, bietet sich die Möglichkeit zum Eingreifen.

Nage kann auch wählen, den Angriff überhaupt erst einmal an sich vorbeiziehen zu lassen. Er muss nicht auf jede Attacke eingehen, ist aber darauf gefasst, dass *Uke* sich umdreht und mit einer neuen Attacke zurückkommt. Das heißt, mit einem einfachen Abgleitenlassen ist das Problem vermutlich noch nicht gelöst. Daher kann das Zur-Seite-Treten auch nur zum Ziel haben, dass *Uke* sich erschöpft und dann gegebenenfalls offener ist für eine andere Lösung.

Jedes dieser Prinzipien dient dazu, in die Lage zu kommen, sinnvoll handeln und führen zu können und ohne Gewalt eine Lösung herbeizuführen. Respekt dem Angreifenden gegenüber spielt dabei eine große Rolle. Einer Aggression nicht nur äußerlich, sondern auch innerlich entspannt zu begegnen, ist das Ziel, mit dem trainiert wird.

Präsenz und Selbstreflexion schulen – *Tsuki* und *Atemi*

Morihei Ueshiba hat einmal gesagt: »Aikido ist zu 70 Prozent *Atemi* und zu 30 Prozent Technik.« Damit meinte er: Wer verträumt oder ohne echte Präsenz Aikido betreiben will, wird sehr schnell an seine Grenzen stoßen. Er reflektiert damit die wesentliche Aufgabe des Aikidoka, immer achtsam und präsent zu sein.

Im Sinne des Aikido bedeutet jeder Angriff, ein *Tsuki,* eine offene Flanke, zu bieten. Das heißt, *Uke* ist als Angreifer selbst auch immer angreifbar, womit der unselige Spruch »Angriff ist die beste Verteidigung« entkräftet wäre. Vielmehr steckt darin eigentlich die Forderung, schon aus Selbstschutz heraus gar nicht erst anzugreifen.

Nun ist die Realität weder im Geschäftsleben noch auf der Matte so, dass Angriffe gar nicht erst stattfinden. Für den Aikidoka bedeutet das, immer auf einen Angriff gefasst zu sein, also kein *Tsuki* im Sinne von Unaufmerksamkeit zu liefern, ganz ähnlich, wie es auch für Führungskräfte im Geschäftsleben gilt.

Im Falle eines Angriffes ist es aber nicht zwingend so, dass *Nage* ein *Tsuki* von *Uke* ausnutzen wird, denn sein Interesse ist nicht, die Situation zu seinem Vorteil zu nutzen, sondern eine bessere Lösung zu finden. Er könnte aber, um *Uke* die Schwäche seiner Situation zu verdeutlichen, mit einem *Atemi,* einem kurz angedeuteten Scheinangriff auf das *Tsuki,* eine Warnung platzieren. Dies ist eine Aufforderung zu mehr Achtsamkeit und Selbstreflexion.

Ein fortgeschrittener Aikidoka ist sich dessen bewusst, dass es unmöglich ist, einen Angriff oder eine Technik auszuführen, ohne ein *Tsuki* zu offenbaren. In der Rolle von *Nage* wird er sich selbst Rechenschaft darüber ablegen, an welchen Stellen er zwangsläufig ein *Tsuki* in Kauf nehmen muss, um eine Technik auszuführen. Deshalb ist es wichtig, Techniken so effizient wie möglich zu gestalten und auf möglichst direktem Weg eine Lösung, das Ende des Konflikts anzustreben.

Auch diese Konstellation lässt sich leicht auf die Herausforderungen übertragen, denen Führungskräfte begegnen müssen.

Ein Verhältnis von gegenseitigem Respekt – *Sempai* und *Kohai*

Das Verhältnis von *Sempai* und *Kohai* reflektiert die Ränge im Aikido. Ein höher graduierter Aikidoka – *Sempai* – hat die Verantwortung gegenüber einem weniger erfahrenen Partner – *Kohai*.

Wenn ein Dan-Träger[30] gegenüber einem Anfänger unachtsam oder gar verantwortungslos handelt, sodass es zu Verletzungen kommt, wird dieses Verhalten von anderen Aikidoka scharf kritisiert und hat auch schon zum Ausschluss aus Aikidovereinen geführt. Aber auch belehrendes Verhalten, das *Kohai* der Möglichkeit beraubt, selbst zu lernen, wird nicht gutgehei-

---

30 Dan – schwarzer Gurt, zeigt den fortgeschrittenen Rang eines Aikidoka an.

ßen und gerügt, wenn die betreffende Person es nicht selbst schafft, dieses Verhalten einzustellen. Stattdessen wird Großzügigkeit dem Anfänger gegenüber gefordert.

Dass *Kohai Sempai* belehrt, ist auf der Matte völlig inakzeptabel. Aber O-Sensei bestand darauf, dass es umgekehrt dennoch die Pflicht der *Sempais* ist, von *Kohais* zu lernen, um die eigenen Handlungshorizonte zu erweitern. Dies nicht zu tun wird nicht nur als extrem unkooperativ kritisiert, sondern kann auch dazu führen, dass höhere Graduierungen verwehrt werden.

Übertragen Sie dies auf das Verhältnis von Mitarbeitenden und Vorgesetzten. Die hier geforderte verantwortungsvolle, zurückgenommene und großzügige Haltung könnte im Geschäftsleben Berge versetzen.

Fazit: Alternativen sind möglich

1. Die Forderung des Aikido ist es, Eitelkeit, Selbstgefälligkeit und Überheblichkeit zu überwinden und in eine bedingungslose Lösungsorientiertheit umzuformen.

2. Der Abschied von reflexgetriebener Reaktion auf Angriffe, vermeintliche und echte, eröffnet neue Möglichkeiten.

3. Als Handelnden liegt es in unserer Verantwortung, Haltung zu zeigen, Mitstreiter zu schützen und neue Wege aufzuzeigen und zu gestalten. Also Teil der Lösung anstatt Teil des Problems zu sein.

Stellen Sie sich vor, wie es wäre, wenn die im Aikido formulierten Forderungen und Haltungen in der Geschäftswelt Fuß fassen würden!

PRAKTISCHER IMPULS
Notieren Sie einmal für sich selbst, auf welche Situationen in Ihrem Berufsleben die vier Prinzipien des Aikido übertragbar wären und welche alternativen Lösungen dadurch möglich werden könnten.

Reflexion statt Reflex – Lösung statt Konflikt

Auch wenn wir uns in unserem Selbstverständnis prinzipiell lieber anders sehen, kommen wir nicht umhin anzuerkennen, dass auch wir Menschen letztlich Tiere sind, allerdings mit einer allen anderen Arten überlegenen angewandten Intelligenz ausgestattet.

Mit dieser Intelligenz hat es freilich so seine Bewandtnis. Weil wir sie besitzen und gelernt haben, sie zunehmend effizienter einzusetzen, überlagert sie unsere Instinkte, wenn wir beispielsweise versuchen, mit einem Zweijährigen das Für und Wider seiner Handlungen zu diskutieren. Im Überlebenskampf der Wildnis hätten wir dazu keine Zeit. Oder aber auch, wenn dieser Zweijährige völlig außer sich ist und wir meinen, ihm erklären zu müssen, dass es dafür überhaupt keinen Grund gebe, anstatt ihm ein Liedchen zu summen, ihn auf den Arm zu nehmen und so zu beruhigen. Für den Beobachter ist sofort deutlich, was es mit diesen Handlungen auf sich hat. Sie sind zum Scheitern verurteilt und der Überforderung durch die Situation geschuldet. Unsere natürlichen Instinkte, das Kind zu beruhigen oder zu trösten, wären hier entschieden wirksamer als die Instrumente des Intellekts.

Eine andere Eigenschaft unserer ausgeprägten Intelligenz ist die Fähigkeit zum Selbstbetrug. Welches andere Tier kann sich zum Beispiel einbilden, mehr zu wissen als andere Artgenossen? Wir Menschen schon, und wir denken, dass unsere eigenen Einschätzungen und Handlungsprinzipien selbstverständlich immer rational (ist das überhaupt ein Vorteil?) und deshalb richtig sind, weil sie sich argumentativ behaupten oder »logisch« erklären lassen. Andererseits, und das ist der entscheidende Punkt, ist es genau diese überlegene Intelligenz, womit die *Summe unserer kognitiven und emotionalen Fähigkeiten* gemeint ist, die es uns erlaubt, uns über das rein Instinktive zu erheben. Deshalb heißt die derzeit auf unserem Planeten verbreitete Spezies Homo sapiens: der vernünftige Mensch.

Instinktgesteuertes Handeln

Bei aller »Weisheit« gibt es allerdings immer noch genügend Situationen, in denen wir rein instinktgesteuert handeln. Das ist natürlich nicht falsch. Im Gegenteil: Im Laufe eines langen Lebens sind es gerade unsere Instinkte, die uns Tausende Male gerettet haben. Angst führt bekanntlich oft zur Vorsicht und Erfahrung zu Vorahnungen.

Mindestens genauso häufig gehen unsere Instinkte jedoch auch mit uns durch und übertönen andere Handlungsmöglichkeiten. Der Säbelzahntiger, der hinter dem nächsten Felsen lauern könnte, ist zwar längst ausgestorben, aber unsere Reflexe, mit dieser Gefahr umzugehen, sind evolutionsbedingt immer noch tief in uns veranlagt. Es ist der *Fight-Flight-Freeze*-Mechanismus (Kämpfen – Fliehen – Totstellen), der einsetzt, wenn wir uns bedroht fühlen.

Heutzutage stellen sich Bedrohungen meistens im zwischenmenschlichen Umgang ein, insbesondere bei Konflikten. Natürlich sind unsere evolutionär verankerten Reflexe immer noch von größtem Wert, wenn es um Leben oder Tod geht, aber die weitaus meisten Konfliktsituationen, die wir erleben, sind nicht lebensbedrohlich, und hier werden unsere instinktgesteuerten Reflexe zum Hindernis.

Die alltäglichen Konfliktsituationen in Beruf, Familie oder anderen Beziehungen versuchen wir in einer Form zu bewältigen, die sich nicht selten als totale Überreaktion gestaltet:

- Wir werden aggressiv und rufen damit das Kämpferische in unserem Gegenüber auf den Plan. (Fight)
- Wir versuchen, vor dem Konflikt davonzulaufen, und wecken die Beutelust des anderen. (Flight)
- Wir stellen uns tot und werden handlungsunfähig. (Freeze)

All diese Reflexe sind verständlich und erklärbar, aber sie haben den großen Nachteil, dass wir, wenn wir es dabei belassen, auch bei der nächsten ähnlichen Situation nicht anders reagieren werden. Unsere Reflexhandlungen verhindern Lerneffekte. Hinzu kommt, dass Fliehen, Kämpfen und Totstellen von mächtigen Gefühlen begleitet sind, die das Potenzial haben, uns komplett außer Kontrolle geraten zu lassen. Dann handeln wir im Affekt.

Lösungsorientiertes Handeln

Dank der »Sapientia« – unserer gesammelten kognitiven und emotionalen Intelligenz – sind wir Menschen zu ganz anderen Handlungen fähig. Nur, wie bringen wir diese Fähigkeit zum Einsatz?

Durch die »Sapientia« wird es möglich zu verstehen, dass der reflexgesteuerte Umgang mit zwischenmenschlichen Konflikten niemals die Ergebnisse bringen wird, die wir uns wünschen. Dem zugrunde liegt das Verhaltensmerkmal, das den Homo sapiens schlechthin ausmacht, nämlich das der Sozialisation. Es ist allgemein anerkannt, dass die Spezies Homo sapiens sich deshalb durchgesetzt hat, weil sie in der Lage war, Gemeinschaften zu bilden. Bis zum heutigen Tag haben wir das tief sitzende Bedürfnis, einer Gemeinschaft anzugehören. Im Umgang mit Artgenossen sollten sich deshalb die oben genannten Reflexe, die genau in das Gegenteil steuern, verbieten.

Aber vielleicht noch entscheidender, die »Sapientia« weiß auch, dass andere, viel bessere Lösungen möglich sind. Die erste bessere Lösung, die Homo sapiens gefunden hat, war, überhaupt eine Gemeinschaft zu formen, anstatt den einzelkämpferischen Wettstreit um Nahrungsmittel aufrechtzuerhalten. Danach haben endlos viele Neuerungen, vor allem arbeitsteilige Lösungen, die aus kollektivem Denken und Handeln geboren waren, das begründet und geformt, was wir heute »Zivilisation« nennen.

Für all diese Formen des Fortschrittshandelns haben wir gelernt, unsere Reflexe zu kontrollieren und Affekthandlungen zu vermeiden. Friedensschlüsse zum Beispiel sind so eine bessere Lösung. Sie werden oft zähneknirschend geschlossen, werden aber möglich, weil alle Parteien ihre Reflexe und egoistischen Interessen kontrolliert haben. Sie sind letztlich Grundlage für Wohlstand und Sicherheit.

Wie also kommen wir zu besseren Lösungen?

Verlangsamen statt beschleunigen

Eine oftmals verstörende und wenig produktive Fähigkeit ist die zu immer schnellerem verbalen Schlagabtausch. Wir glauben, es sei wichtig, das letzte Wort zu behalten, und setzen immer noch eins drauf. Dies wird mit dem aus unverständlichen Gründen positiv besetzten Begriff der »Schlagfertigkeit« gelobt und anerkannt. Dabei übersehen wir offenbar, dass die Aggression in diesem Wort Programm ist, oder wie sollte man »Schlag« sonst interpretieren?

Beschleunigung geht mit dem Verlust an Kontrolle einher. Erfahren können wir das täglich beim Autofahren, am Extrembeispiel vielleicht deutlicher erkennbar: Selbst bei einem Sebastian Vettel tritt der Kontrollverlust irgendwann ein. Warum sollte dies bei menschlichen Konflikten anders sein? Wir haben deshalb nur die Wahl, das Tempo des Schlagabtausches zu verlangsamen, um die Kontrolle zu behalten oder wiederherzustellen.

Abkühlen statt anfachen

Konflikte sind mal von offen ausgetragenen, mal von unterschwelligen, aber nichtsdestoweniger mächtigen Gefühlsregungen und -aufwallungen begleitet. Dies ist gefährliches Terrain für uns, denn der sprichwörtliche Tropfen, der das Fass zum Überlaufen bringt, oder der Funke, der das schwelende Feuer entfacht, sind für uns oftmals nicht sichtbar.

Wenn wir zu einer besseren Lösung als dem fortgeführten und außer Kontrolle geratenen Konflikt kommen wollen, dann erinnern und fragen wir uns am besten, welche Gefühle in unserer eigenen Erfahrung durch welche Worte oder Handlungen verstärkt werden, und vermeiden diese dann tunlichst. Noch hilfreicher: Wir verwenden überlegt und bewusst Vokabeln und Gesten, die unseren guten Willen verdeutlichen und Vertrauen ermöglichen. So nehmen wir die Hitze aus dem Gefecht.

Bleiben statt flüchten

Ein anderer Reflex, der bestenfalls von kurzfristigem Nutzen ist, ist das Davonlaufen vor der Gefahr oder dem Konflikt. Wir kappen Beziehungen, lassen Menschen einfach stehen, vermeiden das Gespräch oder finden Unmengen von anderen Gründen, um vor dem Konflikt davonzulaufen und uns vor der eigentlichen Auseinandersetzung zu drücken. Damit einher geht ein großer Erkenntnisverlust, weil wir die Argumente, Einsichten oder Werte unseres Gegenübers gar nicht erst erfahren. Davonlaufen ist das perfekte Verfahren, um Fortschritt zu verhindern, denn nur wenn wir bleiben, zuhören und aufnehmen, was unser Gegenüber bewegt, werden Lernen und Veränderung möglich.

Standhaft zu bleiben und eine Position zu beziehen birgt andererseits die Möglichkeit, dass unser Gegenüber unsere Punkte aufnimmt und verarbeitet. Damit geben wir dem Voneinanderlernen eine Chance.

Ein weiterer Aspekt, der noch an anderer Stelle vertieft werden wird,[31] ist das Erwecken des Jagdinstinkts. Davonlaufen zeigt unsere Angst und provoziert ihn, das heißt, wir werden zu seinem Beuteschema, also zum Opfer.

Aufmachen statt abschotten

Die reflexgesteuerte Verhaltensweise des Abschottens führen wir nicht selten ins Feld, oft mit formalen und prinzipiellen Begründungen, um zu rechtfertigen, warum wir uns nicht um eine Lösung des Konflikts bemüht haben. Sie begegnet uns in mehreren Formen. Entweder fühlen wir uns so überwältigt von einer Situation, dass wir uns komplett verschließen, oder aber wir tun so, als ob es diese Situation gar nicht gegeben hätte. Unser Gegenüber wird uns bei diesem Verhalten als kalt und abweisend wahrnehmen und entweder gar nicht erst versuchen, den Abwehrschild zu durchbrechen, was zu lang verschleppten unterschwelligen

---

31 Siehe dazu das Kapitel »Konfliktfähigkeit«.

Dauerkonflikten führt, oder andere Wege suchen, uns zur Teilnahme am Konflikt zu bewegen. In beiden Fällen verlieren wir die Kontrolle über das Geschehen.

Wenn wir andererseits unserer »Sapientia« folgen, dann wissen wir, dass wir statt eines Dauerkonflikts eine Lösung bevorzugen. Das heißt: Wir müssen die Tore hochziehen und Brücken über den Schlossgraben legen, kurz, uns öffnen, um einer anderen Lösung Durchlass zu gewähren.

Wie kommen wir nun in die Lage, unserer »Sapientia« zu folgen?

Reflexion

Es ist eigentlich nicht schwierig, wenn wir uns nur immer im entscheidenden Augenblick daran erinnern würden. Der Schlüssel heißt: Zeit nehmen – Zeit, um innezuhalten und zu reflektieren, ob unsere nächste Aktion zur Lösung beiträgt oder den Konflikt verschärft.

Manch einer wird denken: »Aber diese Zeit habe ich ja nicht, wenn der Konflikt gerade auf seinem Höhepunkt ist. Ich habe ja nur jetzt die Gelegenheit zu sagen, was ich sagen muss.« Genau das ist der Trugschluss! Denn genau damit begeben wir uns in die Abhängigkeit von einer Dynamik, die, weil sie reflexgesteuert ist, nicht zu der Lösung führen kann, mit der wir aus dem Konflikt wieder herauskommen.

Wer ist denn der Meister unserer Zeit, wenn nicht wir selbst? Es ist ausnahmslos so, dass alle Beteiligten besser mit Konflikten umgehen, wenn die Gemüter sich wieder abgekühlt haben. Auch wenn unser Gegenüber keine Ruhe gibt, heißt das nicht, dass wir genau in diesem Augenblick reagieren müssen.

Dingo: »Wir haben immer die Freiheit, selbst zu bestimmen, wann wir in zwischenmenschlichen Konflikten was tun werden. Wir müssen uns nur daran erinnern, sie uns auch zu nehmen.«

PRAKTISCHER IMPULS

Wann haben Sie sich das letzte Mal die Freiheit genommen, eine Konfliktsituation zu reflektieren, um sie zu entschärfen?

Welche Situation aus Ihrem Geschäftsleben hätte sich dafür angeboten und ein besseres Ergebnis ermöglicht?

Wahrhaftigkeit

Als Führungspersönlichkeit können wir uns der peinlich genauen und kritischsten Beobachtung unserer Mitarbeitenden immer gewiss sein. Sie achten insbesondere darauf, ob wir eigentlich echt oder authentisch sind, und sie haben ein seismografisches Gespür dafür, wenn wir es nicht sind.

Während Authentizität im Wesentlichen als die Übereinstimmung von Schein und Sein definiert wird und eine Eigenschaft ist, verstehen wir unter Wahrhaftigkeit eine innere Haltung, die ein Mensch aktiv verfolgt und kultiviert.

»Wahrhaftigkeit« ist ein hehres und großes Wort, und wir erschaudern leicht bei seinem Gebrauch. Zweifelsohne hat sie mit »Wahrheit« zu tun, aber da beginnen bereits die Schwierigkeiten. Im Allgemeinen verwenden wir das Wort »Wahrheit« als absoluten Begriff, aber die Wirklichkeit lehrt uns, dass dieser Begriff ambivalent ist, die Absolutheit findet in unserer Wirklichkeit nicht statt, allenfalls in philosophischen Theoremen. Wenn etwa zwei Parteien zur gleichen Situation völlig verschiedene Aussagen machen und dennoch jede für sich beansprucht, die (absolute) Wahrheit dargestellt zu haben, dann haben wir ein Erkenntnisproblem, aus dem sich ein Handlungsproblem ergibt.

Es stellt sich also die Frage, ob Wahrheit wirklich in der Hierarchie der Begrifflichkeiten so weit oben steht oder ob darüber nicht die Wahrhaftigkeit steht, die uns auf die Wahrheit verpflichtet, zumindest so, wie sie sich uns nach Kant darstellt.

Immanuel Kant formulierte: »Und zweitens und dies vornehmlich, darf die Pflicht der Wahrhaftigkeit keinen Unterschied zwischen Personen machen, gegen die man diese Pflicht hat oder gegen die man sich von dieser Pflicht lossagen könne. Es ist eine unbedingte Pflicht.«[32]

---

32 Immanuel Kant (1797): Über das vermeintliche Recht aus Menschenliebe zu lügen.

Kant hat für diese Auffassung viel Kritik geerntet, insbesondere dahingehend, dass Pflicht in seinem Sinne im Wesentlichen bedeutete, etwas zu unterlassen, nicht jedoch etwas positiv zu tun.

Der Wahrhaftigkeitsbegriff, den die Verfasserinnen hier zugrunde legen, ist einer, der sowohl Handlungen wie auch Unterlassungen steuert. Es gibt eine Unmenge von Handlungen, die wir ohne Reflexion und bewusste Entscheidung unterlassen. Darüber wird an anderer Stelle noch zu sprechen sein.[33] Hier geht es nur um diejenigen Handlungen, die wir bewusst vollzogen oder von denen wir bewusst abgesehen haben.

Was meinen wir also hier im Sinne von Führungsqualitäten, wenn wir von Wahrhaftigkeit sprechen? Da wir gerade eben festgestellt haben, dass sie Handlungen steuert, ist sie offenkundig eine Art Kompass. Aber wie ist die Nadel dieses Kompasses genordet? Was bedeutet »Norden« in diesem Zusammenhang?

Im Verständnis der Autorinnen ist Norden die Richtung, die sich aus unseren persönlichen und artikulierten Wertvorstellungen ergibt. Wahrhaftigkeit beruht also auf unseren persönlich formulierten Werten und ist damit auch – und das ist hier von besonderer Bedeutung – individuell. Zwar berufen wir uns aufgrund unserer Sozialisation in einer bestimmten Gesellschaft auf einen in dieser generell akzeptierten Wertekanon, aber die Akzente setzen wir individuell motiviert selbst.

Welche allgemein anerkannten Werte wir auch immer für unseren persönlichen Kompass formulieren mögen, sei es Ehrlichkeit, Nächstenliebe, Treue, Zuverlässigkeit, Bescheidenheit, Wertschätzung, wir werden ihnen eine unterschiedliche Wertigkeit zuordnen. Wer viel Wert auf Ehrlichkeit legt, ist vielleicht nicht besonders bescheiden. Wer viel Wert auf Bescheidenheit legt, ist vielleicht nicht besonders zuverlässig und so weiter. Es ist unwahrscheinlich, dass wir alle diese Werte mit der gleichen Bedeutung für unser eigenes Leben und Handeln besetzen.

Wahrhaftigkeit ist im Verständnis der Autorinnen das klare Bekenntnis und uns selbst unverbrüchlich gegebene Versprechen, immer nach

---

33 Siehe Kapitel »Selbstwirksamkeit«.

unseren Werten zu handeln. Daraus ergibt sich, dass unsere Haltung und unsere daraus resultierenden Handlungen kongruent sein müssen. Sind sie das nicht, handeln wir im eigentlichen Sinne »verantwortungslos«, weil wir uns vor der richtigen »Antwort«, wie sie sich aus unseren Werten ergäbe, drücken.

Wahrhaftigkeit wie auch ihr Gegenteil sind aber auch – und damit kommen wir zu den Führungseigenschaften und dem Thema Authentizität – wahrnehmbar. Wer in einem undefinierten Schlingerkurs mal so und mal so entscheidet, wird nicht als wahrhaftig ernst genommen und öffnet die erste Schleuse für mangelnden Respekt und Kritik. Wer keine klare Position bezieht und wessen Entscheidungen als beliebig wahrgenommen werden, wird als inkonsistent und unzuverlässig wahrgenommen.

Was auch immer wir zu unserer Verteidigung in Worten anführen mögen, die Sprache unserer Handlungen ist eindeutig, und im Urteil unserer Mitmenschen spielt es keine Rolle, wie viele gute andere Absichten wir haben mögen.

Natürlich ist niemand immer perfekt in Sachen Wahrhaftigkeit, was aber zählt und die eigentliche Wahrhaftigkeit ausmacht, ist die anhaltende ernst gemeinte Bemühung, Werte und Handlungen immer wieder in Einklang zu bringen. Auch dies wird von unserer Außenwelt durchaus wahrgenommen.

PRAKTISCHER IMPULS

Ist es denkbar, dass ein Mörder wahrhaftig handelt? Denken Sie darüber nach, ob »Wahrhaftigkeit« ein neutraler oder mit dem moralischen Wert »gut« belegter Begriff ist.

Wäre es als wahrhaftig einzustufen, wenn jemand eine Untat begeht, um schlimmere zu vermeiden?

Lernen und Veränderung –
die Einheit von Geist und Materie

Die Debatte darüber, was denn nun die richtige Form des Lernens sei, erleben wir tagtäglich, und manch alternative Schulmodelle legen größten Wert darauf, dass das Lernen nicht nur in zerebraler Aktivität vonstattengeht, sondern durchaus von haptischen und fein- wie grobmotorischen Tätigkeiten begleitet ist.[34] Hierin spiegelt sich die Beobachtung der lernnotwendigen Einheit von intellektueller Einsicht und physiologischer Einbettung wider. Dauerhaft als gelernt bleiben erst die mit dem ganzen Wesen erfahrenen Lernerlebnisse nachhaltig präsent. Was die zurzeit geforderte Digitalisierung der Schulen langfristig bedeuten wird, bleibt noch offen, aber durchaus vorstellbar, wird sie doch die Betonung der intellektuellen Fähigkeiten losgelöst von physischer Integration verstärken.

Descartes und
die Trennung von Geist und Körper

In der abendländischen Antike und auch in anderen Kulturräumen, wie etwa im ostasiatischen, wird der Mensch als organisches Ganzes betrachtet. Die Griechen sprachen von »Soma« [σῶμα] und meinten damit alles, was der Mensch ist, und es wäre ihnen nicht in den Sinn gekommen, eine dezidierte Trennung von Geist und Körper vorzunehmen.

Dass diese Trennung heute so tief in unseren abendländischen Denkgewohnheiten verankert ist, verdanken wir René Descartes. Der sogenannte *Cartesianische Dualismus* wird geistesgeschichtlich als der Beginn der Neuzeit eingestuft und als Ursache für die rasante Entwicklung der Naturwissenschaften und die damit verbundene Industrialisierung begriffen. Aus-

---

34 Siehe dazu die pädagogischen Modelle der Montessori- und Waldorfschulen.

gehend von seinem berühmten *cogito ergo sum*,[35] postuliert Descartes, dass der Mensch aus zwei in abhängiger Wechselwirkung zueinander stehenden Substanzen bestehe, Geist und Materie. Die Substanz, die er als »Materie« bezeichnet – das ist der mit der Definition »Ausdehnung im Raum« versehene Körper –, war in seiner Auffassung im Wesentlichen bedeutungslos, nur eine Art Behältnis. Die Substanz, die er »Geist« nannte, war hingegen allen höheren Fähigkeiten des Menschen eigen. Deswegen hat es sich auch in unseren Sprach- und Denkgewohnheiten eingebürgert, das Gehirn als Sitz des Geistes – damals sagte man noch Seele – und als etwas von der Begrifflichkeit des Körpers substanziell Getrenntes zu verstehen. Wenn wir heutzutage von »geistlosen« oder »stupiden« Tätigkeiten sprechen, dann zielen wir damit gemeinhin auf physische Aktivität und dass unser Gehirn dabei untätig sei, was natürlich nachweislich völlig irrig ist.

Der Wohnort unserer Gefühle

Der von Descartes aufgemachte Dualismus von Geist und Materie führte noch zu einer weiteren folgenschweren Denkweise, nämlich derjenigen, dass Emotionen sich ebenfalls im Gehirn abspielen. Unsere kollektive Erfahrung als Menschen beschreibt jedoch etwas völlig anderes: Wir sprechen etwa von Herz, wenn wir Gefühle meinen. Wir erklären, dass Liebe durch den Magen gehen oder Herzenssache sei. Wir machen ein angstverzerrtes Gesicht oder werden vor Angst oder Zorn bleich und können vor Stress nicht schlafen. Wenn wir unglücklich sind, können wir nicht essen oder essen besonders viel, und wenn wir uns in die Enge getrieben fühlen, zieht sich uns der Magen zusammen. Diese Liste ließe sich noch beliebig lang weiterführen und illustriert eindrücklich, dass Gefühl und Körper untrennbar miteinander verknüpft sind.

»Also, wenn jemand Enthusiasmus verkörpert, dann ist es mein Freund Felix!« Wenn wir eine solche Aussage hören, dann erscheint vor unserem geistigen Auge eine Person, die sich energetisch, jedoch nicht hektisch

---

35 Übersetzt: Ich denke, also bin ich.

bewegt, die ihren Kopf hochhält und der Welt in positiver Erwartung entgegensieht und sich vielleicht die Hände reibt und sagt: »Okay, packen wir's an.« Auf keinen Fall stellen wir uns unter »Enthusiasmus verkörpern« eine Person vor, die lasch auf einem Sofa hockt und an einem Handy herumspielt. Umgekehrt: »Also wenn jemand schlechte Laune verkörpert, dann ist es mein Bruder Freddy«, so stellen wir uns vielleicht jemanden vor mit hängendem Kopf und zusammengefallener Haltung, mehr liegend am Tisch, der ohne Genuss irgendein Essen in sich hineinschlingt.

Sie sehen, wo diese Bilder uns hinführen: Unser Körper gibt so eindeutig Auskunft über unseren »Gemüts-« und auch »Geisteszustand«, dass keine Rhetorik in der einen oder anderen Richtung uns vom Gegenteil unserer Wahrnehmung überzeugen könnte.

Integrierte Leistungsfähigkeit von Gehirn und Körper

Bei vielen Vorgängen und Handlungen, die wir tagtäglich ausführen, ist die Untrennbarkeit von Geist und Materie sogar überlebenswichtig. Denken Sie an die enorme Funktionsfähigkeit des menschlichen Auges und die Geschwindigkeit, mit der wir die Informationen, die es liefert, beispielsweise in Gefahrensituationen beim Autofahren, in Handlungen umsetzen können.

Diese Prozesse sind so perfekt erlernt, dass wir nicht den Bruchteil einer Sekunde darüber nachdenken müssen, was wir jetzt tun sollen. Der Grund dafür ist die komplette Integration von Wahrnehmung, Verarbeitung der Information und Handlung. Diesen Prozess hat nicht nur das Gehirn, sondern auch der Körper erlernt. Genauer gesagt, dies hat die Ganzheit unserer Person gelernt. Die Emotion der Angst, die Schnelligkeit unseres Intellekts und die Plastizität und Reaktionsfähigkeit unseres Körpers haben zusammen einen Unfall verhindert und Sicherheit – das ist ein Gefühl – wiederhergestellt.

Lernen und Veränderung

Das Leben ist ein unablässiger Lern- und Veränderungsprozess. Alles, was wir lernen, dient einem für unser Leben und Überleben notwendigen Zweck. Und alle Erfahrungen und Veränderungen im Laufe unseres Lebens sind komplett und irreversibel. Denken Sie an den Übergang vom Kindesalter in die Teenagerphase und das daran anschließende Erwachsenenalter. Die Veränderungen sind physischer, emotionaler und intellektueller Natur, und das alles gleichzeitig und in Abhängigkeit voneinander.

Die Lern- und Entwicklungsprozesse des Menschen sind so komplex und faszinierend, dass Ingenieure, die sich mit künstlicher Intelligenz (KI) befassen, sie penibelst studieren und versuchen, die Lernmechanismen des Menschen auf Maschinen zu übertragen. Aber bei kritischer Betrachtung dieser KI-Ergebnisse kommt man nicht umhin festzustellen, dass es wohl noch ein weiter Weg ist, bevor Maschinen auch nur annähernd derart komplexe Dinge erfassen und erledigen können, wie es der Mensch vermag.

Wegen des Cartesianischen Dualismus ordnen wir auch das Lernen heute noch im Wesentlichen als rein intellektuelle Handlung ein, wobei doch Gegenbeispiele unmittelbar auf der Hand liegen dürften: Ein Kind lernt mit Sicherheit nicht aus intellektueller Neugierde laufen, und das oben genannte Beispiel des Autofahrens illustriert eindrücklich, wie notwendig das perfekte Zusammenspiel von »Geist« und »Materie« sein kann.

Wahre Veränderung

Ein Lernprozess ist dann zu einer dauerhaften Veränderung geworden, wenn die Fähigkeit oder Tätigkeit uns zur »zweiten Natur« geworden ist, soll heißen, wenn wir sie nicht nur intellektuell erfasst und praktisch geübt haben, sondern wenn wir sie mit unserem ganzen Wesen Kopf, Hand und Herz verinnerlicht haben, wie zum Beispiel das Fahrradfahren. Wenn wir sie so automatisch anwenden, dass wir nicht mehr darüber nachdenken müssen, besser noch, wenn wir gar nicht merken, dass wir sie angewandt haben, dann ist eine wahre Veränderung eingetreten.

Wir kennen es aus unseren eigenen Lern- und Veränderungsprozessen: Selbst wenn wir eine erwünschte Veränderung gezielt ins Auge gefasst haben, ist diese noch lange nicht vollendet, ja noch nicht einmal begonnen, obwohl wir sie intellektuell geplant hatten. Dabei brauchen wir gar nicht erst das leidige Beispiel des Mit-dem-Rauchen-Aufhörens zu bemühen. Es gelingt uns in den seltensten Fällen, diese guten Vorsätze umzusetzen, weil neben unserem Kopf die andere Instanz Körper mitregiert, die wir gemeinhin den »inneren Schweinehund« nennen.

Etwas wirklich zu beherrschen oder komplett integriert zu haben ist das Ergebnis von Wiederholung. Und genauso, wie wir das Auto- oder Fahrradfahren erlernen und dann im Laufe der Zeit perfektionieren, verhält es sich natürlich auch mit anderen erworbenen Fähigkeiten. Anfänglich geht es noch ein wenig holprig zu, aber die »Verkehrsbedingungen« zwingen uns, recht schnell zu lernen, die Übersicht zu bewahren und besonnen zu handeln.

Auch andere Verhaltensweisen können wir durch Trainieren verinnerlichen, zum Beispiel immer erst aktiv nachzufragen, wenn uns jemand eine Sicht der Dinge präsentiert, die wir im Grunde für unzutreffend halten. Wer dieses Verhalten komplett internalisiert hat, wird mehr erfahren als andere und in die Lage kommen, bessere Entscheidungen zu treffen. Bewusstes Üben wird über die Zeit dazu führen, dass es sich zur »zweiten Natur« entwickelt.

Einen neuen Führungsstil integrieren

Beim Erlernen eines neuen Führungsstils, der uns in die Lage versetzen soll, die »Verkehrsbedingungen« des Berufs- oder Beziehungslebens zu meistern, wird der Prozess in ganz ähnlichen Bahnen verlaufen. Zu Beginn stellen wir fest, dass wir etwas verändern müssen, um mit unseren beruflichen wie privaten Gegebenheiten besser zurechtzukommen, um zufriedener zu werden, um Konflikte zu entschärfen und in eine bessere Richtung zu lenken. Wir gelangen zu dem Schluss, dass unser Führungsverhalten in Beziehungen, beruflicher wie privater Natur, Luft nach oben hat.

Wenn wir also unseren Führungsstil verändern wollen – Betonung liegt auf »wollen«, und es wird nicht gelingen, wenn es lediglich beim »sollen« bleibt –, dann wird es notwendig sein, die Integration von Geist und Körper, Denken und Handeln, Rede und Taten herzustellen. Denn nur so wird dieser Führungsstil überzeugen – frei nach dem Motto: Keine tausend Worte ersetzen eine wichtige oder richtige Handlung.

Es geht hier um den keineswegs nur semantischen Unterschied von »wollen« und »werden«: Wir wollen aufhören zu rauchen, wir wollen einschlafen. Das funktioniert in den seltensten Fällen, weil unsere Vorsätze, selbst unser Wille gegen das vegetative Nervensystem recht wenig ausrichten können. Ich kann einen Schritt machen wollen oder mit der Faust auf den Tisch hauen wollen, aber ich kann nicht einschlafen wollen. Unser Vorsatz kann sich hier nicht gegen »sollen« oder »müssen« durchsetzen, sondern nur über unsere felsenfeste Überzeugung, dass es so *kommen wird*. Je stärker unser Wunsch ist, einschlafen zu wollen, je mehr wir uns unter ·Druck setzen, mit dem Rauchen aufzuhören, desto unwahrscheinlicher wird es, dass wir damit Erfolg haben werden. Erst wenn wir gar keinen Zweifel daran haben, dass wir einschlafen werden, dann gelingt es uns. Es geht hier also um Zuversicht und Vertrauen – Vertrauen in uns selbst, dass es genau so kommen wird, wie wir uns das mit jeder Faser unseres Seins vorstellen.

Es genügt also nicht, dass wir uns etwas vornehmen, wir brauchen die feste Überzeugung, dass wir es in ebendieser überzeugenden Weise umsetzen werden, das heißt wie beim Autofahren komplett verinnerlichen. Das Verwunderliche und Wunderbare an dieser Einsicht ist, dass unser Körper bereitsteht, uns bei diesem komplexen und manchmal sehr anstrengenden Prozess zu unterstützen. Denn wenn wir die Einheit von Kopf, Herz und Hand, von Einsicht, Gefühl und Handlung hergestellt haben, sind wir wirklich eins mit uns selbst, und unsere Mitmenschen werden dies als Authentizität wahrnehmen.

Dingo: »Hallo Sie! Ja, hier! Jetzt lassen Sie uns mal überlegen – und seien Sie mal ehrlich –: Haben Sie jemals etwas geschafft, von dem Sie nicht voll und ganz überzeugt waren, bei dem Sie es nur mal so versucht haben? Na? Also, wenn wir auf die Jagd gehen, dann probieren wir nicht versuchsweise, ein Tier zu erlegen. Das wäre unter Umständen sogar tödlich. Weil es für unser Überleben existenziell ist, müssen wir sicher sein, dass wir nicht ohne Beute zum Rudel zurückkehren werden – und so ist es dann auch.«

Es beginnt also bei Ihrer Haltung zu einer Veränderung. Wenn diese bedingungslos bejaht wird – und nicht nörgelnd irgendwo in den hinteren Ecken Ihres Bewusstseins ständig Zweifel, Ängste oder andere Bedenken heraufbeschwört –, dann werden Sie den Wagen Ihrer Lebensreise spielend und zuverlässig genau dahin steuern, wo Sie ankommen wollen.

Begeben Sie sich mit uns, mit diesem Buch in das Lernerlebnis: Führerschein zur authentischen Handlungs- und Lebensführung!

Klarheit und Entschlossenheit
Handeln mit der Präzision eines Schnitts

Dingo: »Denken wir uns mal einen Schnitt, einen scharfen Schnitt, etwa mit der Schere ins Papier oder beim Schnippeln von Gemüse in der Küche. Einmal getan, und der Schnitt ist eindeutig und irreversibel. Bei Euch kennt man das Paradox: ›Dreimal abgeschnitten und immer noch zu kurz.‹

Dieses Moment des »Nicht-mehr-Rückholbaren« üben wir im Aikido mit Messern und Schwertern – sie sind fast immer aus Holz –, um uns selbst zu verdeutlichen, was Klarheit und Entschlossenheit bedeuten.

Wenn ich mit dem Schwert angegriffen werde, kann ich nicht stehen bleiben. Es könnte bedeuten, dass man mich aufspießt oder zweiteilt, und wenn ich selbst das Schwert führe, ist Präzision unabdingbar. Ich muss mein Ziel treffen, sonst bin ich – siehe oben.«

Wer mit Entschlossenheit handeln will, kommt nicht umhin, seine Ziele klar zu formulieren. Oft beantworten wir uns die Frage, was wir wollen, ex negativo: »Das habe ich nicht gewollt!« Doch dann ist es schon zu spät. Die Karotte ist an der falschen Stelle durchgeschnitten, und wir können sie nicht wieder zusammenfügen.

Ich kann auf den Schnitt aber auch nicht verzichten, denn wir können die Karotte ja wohl kaum am Stück zu uns nehmen. Deshalb ist es wichtig, dass wir uns zunächst beantworten, ob wir Karottenscheiben oder Karottenwürfel oder nur geriebene Karotten wollen.

Klarheit

Die Frage »Was will ich wirklich?« stellen wir uns wohl zuweilen, aber in den meisten Fällen vermeiden wir die eindeutige Antwort, weil das eben eine Festlegung bedeutet. In manchen Kulturen, auch der japanischen, der das Aikido entstammt, wird es nachgerade als unhöflich oder sogar ausgrenzend begriffen, offen eine eigene Position zu beziehen. Aber es ist auch gar nicht nötig, die eigene Meinung oder eine Entscheidung plakativ vor sich her zu tragen. Wichtig ist, eine Position gefunden zu haben und dann entsprechend zu handeln. Um im Bild zu bleiben, es ist nur wichtig, sich darüber klar zu werden, dass Karottenscheiben Ihr Ziel sind. Sie verhalten sich damit auch nicht intransparent, sondern gewähren sich selbst Ergebnisoffenheit dahingehend, wie dick oder dünn die Karottenscheiben werden sollen oder dann, wenn die Argumente für Karottenwürfel überzeugen, einen anderen Schnitt vorzunehmen. Wer darüber Klarheit gewonnen hat, kann schnell und entschlossen handeln.

Klarheit ist kein Zustand, sondern Klarheit verschaffen wir uns, indem wir Fragen formulieren, Argumente gegenüberstellen, Konsequenzen abwägen und dann entscheiden, wohin die Reise führen soll. Dann wird es erst möglich zu definieren, was unser Ziel ist. Die Kette der Fragen verläuft in etwa so:

Was will ich erreichen?

Warum will ich das?

Warum ist es wichtig?

Was ist gewonnen, wenn ich dieses Ziel erreiche?

Was ist verloren, wenn ich dieses Ziel nicht erreiche?

Entschlossenheit

Wankelmütige Menschen nehmen wir als schwache, Schnellentschlossene als draufgängerische und Alles-Entscheider als despotische Führungspersönlichkeiten wahr. Was ist nun das rechte Maß, und woran bemisst es sich?

Im Aikido ist Zögern fatal. Wie im Kapitel »Aikido« bereits festgestellt, dreht die Welt sich weiter, setzt die Dynamik sich fort, während wir uns noch fragen, ob wir einen Entschluss umsetzen sollen. Es ist das Äquivalent zum berühmten Ausspruch Präsident Gorbatschows: »Wer zu spät kommt, den bestraft das Leben.« Wenn wir also nicht anderen das Handeln überlassen wollen, dann müssen wir selbst handeln. Nur – und das ist das wichtige Element, das das Aikido beisteuert und wo es dem oben genannten Schnellentschlossenen voraus ist –: Die Umsetzung folgt nicht einem Reflex, sondern ist das Resultat von Antizipation. Wer dem Geschehen einen Moment voraus ist, kann effektiver und schneller, also entschlossener handeln.

Die erste Voraussetzung dafür ist die oben diskutierte Klarheit. Die zweite ist, die Gegebenheiten, das Umfeld, in dem wir operieren, wahrzunehmen und richtig einzuschätzen, sodass wir unsere Handlungen darauf abstimmen und somit Wirkung erreichen können.

Dingo: »Es hat wenig Sinn, einer scharfen Klinge die Brust darzubieten, aber das heißt nicht, dass wir, ohne selbst eine scharfe Klinge zu führen, nicht handeln könnten. Der Aikidoka würde dem Angreifer – *Uke* – mit einer 180-Grad-*Tenkan*-Drehung[36] das Ziel der Attacke entziehen.«

36 Siehe Kapitel »Aikido«.

Auf den Arbeitsalltag bezogen, könnte das zum Beispiel bedeuten, dass wir jemanden bitten, von dem wir wissen, dass er oder sie Ressentiments hegt, die Sachlage doch mal aus der eigenen Sicht zu schildern. Wir nehmen damit die Perspektive von *Uke* ein und werden besser verstehen, wie wir die Situation entschärfen und *Ukes* Energie zu produktivem Nutzen umlenken können.

Es wäre auch nicht hilfreich, wenn wir Angriffe aus verschiedenen Richtungen zu erwarten haben, immer nur in eine Richtung zu schauen, um zu agieren. Wenn wir nur nach vorne schauen, könnten es sein, dass wir von einer Seite angegriffen werden, die wir nicht auf dem Schirm hatten. Stellen wir uns vor, dass wir uns in einer Auseinandersetzung mit dem Betriebsrat befinden und herausfinden, dass eine Mitarbeiterin aus unserem Team selbst im Betriebsrat aktiv ist. Bei der nächsten Begegnung oder Auseinandersetzung werden wir dies im Auge behalten, nicht nur nach vorne, sondern gegebenenfalls auch nach hinten schauen und das, was wir sehen oder erahnen, in unsere nächsten Schritte miteinbeziehen.

Aber die Gegebenheiten adäquat einzuschätzen bringt uns nicht nur in eine bessere Position, Angriffe abzuwehren, es eröffnet uns auch Gestaltungsräume. Wir können etwa ein wohldosiertes Angebot machen, um zu ertasten, wo gegebenenfalls Möglichkeiten versteckt sind. Dies ist eine oft praktizierte Taktik bei Verhandlungen, denn Angebote verschiedenster Art erfordern zumindest immer eine Reaktion. Verhandlungstaktiker haben dies bis ins Kleinste ausgeklügelt, und oft ist das der Grund, warum Verhandlungen mit einem Marathon verglichen werden. Mal ist eine Ablehnung beabsichtigt, mal eine vorsichtige Zustimmung oder aber auch das Setzen eines Ankerpunktes, der dann nicht mehr verrückt werden kann. Insbesondere hier offenbart sich, warum es entscheidend ist, Klarheit darüber zu haben, wo es hingehen soll, und nicht aus dem Affekt oder Reflex[37] heraus zu handeln. Es gibt auch in Verhandlungen Situationen, in denen Abwarten gefragt ist. Dies ist jedoch nicht mit Zögern zu verwechseln, sondern ist, da gewollt, als Handlung zu verstehen.

---

37 S. Kapitel »Reflexion statt Reflex«.

Wir wollen aber nicht aus den Augen verlieren, dass sich im realen Geschäftsleben ein Ziel oftmals nicht in einem einzigen Schritt verwirklichen lässt. Meistens erfordert es eine Abfolge von beherzten Handlungen, die zum Ziel führen. Im »echten Leben« wissen wir nie genau, was unser Gegenüber vorhat, wann er oder sie wie reagierend handeln wird. Aber darauf können wir auch nicht warten. Unsere nächste Handlung könnte ein Angebot sein oder ein Statement, um eine Reaktion zu provozieren. Wir ertasten oder erahnen, ob das Ergebnis vielleicht schon in unsere Richtung zeigt. In jedem Fall haben wir Informationen gewonnen und können, darauf basierend, unsere nächsten Schritte gehen. Es gilt also ein Risiko einzugehen, um weiterzukommen.

Auch wenn es zunächst unlogisch klingt, es hilft, gefasst auf Überraschungen zu sein. Aikidoka betrachten die Situation zirkumspekt, das heißt, sie bemühen sich um 360 Grad Achtsamkeit. Sie schließen niemals aus, dass etwas Unerwartetes passieren kann, und sind als Standardprozedur darauf verpflichtet, das Beste aus dem zu machen, was sich anbietet. Aber sie fragen sich nicht erst, ob sie handeln wollen, sondern wissen definitiv, dass sie handeln werden, denn ohne Handlung geht nichts weiter, beziehungsweise im schlimmsten Fall tauschen sie gar die Rolle von *Nage* gegen die von *Uke* und werden »gestaltet«, anstatt selbst zu gestalten.

Zu glauben, dass bei der Lösung eines Problems, bei der Führung einer Verhandlung, schon von vornherein klar ist, was dabei herauskommen wird, ist ein Indiz dafür, wie sehr wir wahrscheinlich nur einen Teilaspekt des Gesamtgeschehens erfassen. Das simpelste und erfahrungsträchtigste Beispiel dafür sind die Tagesordnungen zu Verhandlungssitzungen. Haben Sie vorhergesehen, dass man sich derart lange festbeißen konnte – bei dieser doch so harmlosen, überschaubaren Tagesordnung? Meistens ist der Grund dafür, dass wir uns nur innerhalb unseres eigenen Blickfeldes bewegen. Gerade in kniffligen Situationen ist es ratsam, immer wieder zu versuchen, die Welt aus den Augen unseres Gegenübers zu betrachten, und zu antizipieren versuchen, wie diese Person mit dieser Lage, dem Angebot, dem Druck umgehen wird. Denken wir an unzufriedene, querschießende Mitarbeitende, die sich zu Höherem berufen fühlen. Wir können die Annahme treffen, dass er oder sie an einer größeren Aufgabe scheitern wird, und deshalb untätig bleiben, das heißt das irritierende Verhalten akzeptieren und selbst »gestaltet werden«, oder wir können ein Angebot dahingehend machen, dass wir gemeinsam einmal ausprobieren, ob er oder sie die Aufgabe meistern wird. In jedem Fall wäre das Resultat ein Gewinn: Entweder wir haben gerade Fähigkeiten entdeckt, die uns bislang entgangen waren, oder wir kommen gemeinsam zu dem Schluss, dass es vielleicht doch besser ist, wenn die betreffende Person »bei ihren Leisten« bleibt.

Wenn wir Überraschungen als Möglichkeit einkalkulieren, werden wir von Art und Gestalt vielleicht immer noch überrascht sein, aber nicht überrumpelt. Wir werden dann in der Lage sein, in der Situation angemessen und ohne Zögern zu handeln. Hier sind wir wieder bei den Karottenscheiben oder -würfeln. Es ist denkbar, dass am Ende Würfel als die bessere Lösung herauskommen, aber die Karotte ist zerteilt, und so können wir sie besser verspeisen als im Ganzen. Aikidoka üben deshalb, immer wieder die gleiche Technik bei verschiedenen Angriffen anzuwenden, und umgekehrt, bei dem gleichen Angriff immer eine andere Technik anzuwenden. Das schult die Flexibilität in alle Richtungen und versetzt sie in die Lage, in allen Situationen entschlossen zu handeln.

Entschlossenheit ist deshalb entgegen allgemeiner Glaubenssätze keine Charaktereigenschaft, sondern ebenfalls eine Einstellung, eine Haltung. Weil Sie achtsam und vorbereitet sind, können Sie mit der gebotenen Flexibilität entscheiden und handeln. Anders als bei Charaktereigenschaften kann man sich diese Haltung erfreulicherweise auch ohne komplexe Therapien und Workshops recht leicht zu eigen machen.

PRAKTISCHER IMPULS

Wie steht es um Ihre persönliche Klarheit und Entschlossenheit? In welchen Situationen haben sie Ihnen gefehlt? Wie sind Sie damit umgegangen? In welchen Situationen standen sie Ihnen zu Gebote? Was war anders?

Selbstwirksamkeit

»Selbstwirksamkeit« ist ein Begriff aus der kognitiven Psychologie, der beschreibt, welche Einschätzung ein Mensch hinsichtlich seiner eigenen Fähigkeit hegt, etwas bewirken oder auf eine Situation Einfluss nehmen zu können. »Ich kann handeln, und mein Handeln wird die Situation verändern, wird die Aufgabe bewältigen.« Menschen, die über eine positive Selbstwirksamkeitserwartung[38] verfügen, packen Aufgaben mutig an. Interessant ist hier, dass es bei der Selbstwirksamkeitserwartung/-überzeugung nicht von Belang ist, ob eine Person wirklich dazu in der Lage ist, die Situation zu meistern oder nicht. Ob jemand eine Aufgabe »anpackt«, hängt also von der eigenen Erwartung ab und nicht von den tatsächlichen Fähigkeiten.

Die Entwicklung dieser Erwartungshaltung wird von verschiedenen Faktoren beeinflusst: Habe ich gute oder schlechte Erfahrungen mit den Versuchen gemacht, etwas umzusetzen? Gibt es Menschen, die Vorbilder und Modelle für mich sind, denen ich vertraue und denen ich gerne nacheifere? Welchen Einfluss hat mein soziales Umfeld auf mich, die Gruppen, in denen ich mich bewege? Und mein Körper redet auch noch mit: Bedeuten Herzklopfen und feuchte Hände positive Aufregung, oder sind sie negatives Warnsignal? Mit all diesen Erlebnissen und Erfahrungen im Gepäck laufen wir gleichermaßen Gefahr, uns zu überschätzen, wie auch, die Auswirkungen unseres Tuns und Lassens zu unterschätzen. Je nach Umfeld gehört es zum Beispiel zum guten Ton, bescheiden aufzutreten, sein Licht unter den Scheffel zu stellen. Aber um Karriere zu machen, Einfluss und Macht zu erlangen, ist gerade das Gegenteil gefragt.

Die Thematik ist verwirrend in zwei Richtungen: Was bedeutet es, wenn jemand seine eigene Rolle herunterspielt? Ist das nun echte Beschei-

---

38 Der Begriff wurde in den 1970er-Jahren von dem kanadischen Psychologen Albert Bandura (1925–2021) geprägt.

denheit oder nur vorgespielt, mit einer verdeckten Agenda im Hinterkopf? Gleichzeitig können wir selbst oft nicht adäquat einschätzen, wie andere Menschen unsere Äußerungen und unsere Handlungen wahrnehmen. Treten wir vielleicht zu bestimmt auf, oder verschrecken wir Menschen gar damit? Oder müssen wir noch bestimmter auftreten, um unser Gegenüber erfolgreich motivieren zu können?

»Der wahre Sieg ist der Sieg über das Selbst«, sagte Morihei Ueshiba, und wie treffend ist dieser Ausspruch doch in diesem Kontext! Unser Ego ist uns wahrlich nicht immer behilflich, tendiert es doch dazu, unser eigenes Tun und Handeln meist kritisch zu bewerten und uns schon deshalb häufig im Weg zu stehen. In den komplexesten und durchaus nicht seltenen Fällen erweist sich eine nach außen projizierte Überschätzung der eigenen Wirksamkeit auch noch als eine innerlich verankerte Unterschätzung derselben. Verhaltensforscher bestätigen, dass Menschen, die im tiefsten Inneren an ihrer Wirksamkeit zweifeln, dies durch ein betont direktives Auftreten kompensieren. Das Terrain ist also unübersichtlich.

Dingo: »Nun ja, dann verschaffen wir uns doch einfach mal einen Überblick und schauen uns das Terrain genauer an.«

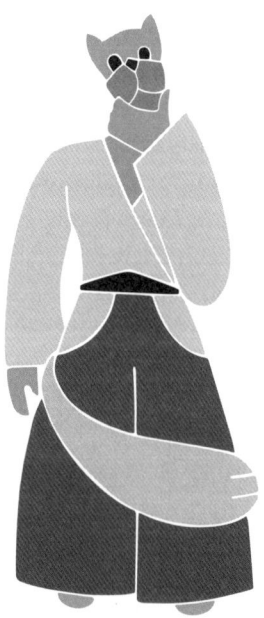

Unterschätzung der eigenen Wirksamkeit

Leisten wir uns einmal ein Statement: Egal, was Ihnen in der Vergangenheit in dieser Hinsicht widerfahren sein mag, es ist auf jeden Fall ein Fehler, Ihre eigene Wirksamkeit zu unterschätzen.

Als Führungskraft, aber auch überhaupt als Mensch stehen wir im Zentrum einer Vielzahl von Beziehungen zu anderen Menschen. Immer werden wir von außen betrachtet und beobachtet. Insbesondere wenn Mitarbeitende wahrgenommen, befördert oder für eine besondere Leistung anerkannt werden wollen, können wir sicher sein, dass sie jede kleinste Regung mit seismischem Gespür registrieren und gegebenenfalls diskutieren werden.

Szenario eins der Selbstwirksamkeitsunterschätzung: Mitarbeitende nehmen nicht nur wahr, *was wir tun*, sondern mitunter auch besonders deutlich, *was wir nicht tun*. Das Lob, der Bonus oder die Beförderung, die wir nicht aussprechen, werden mitunter stärker wahrgenommen als Handlungen, die wir wie erwartet auch umgesetzt haben. Zunächst kommt es zu Enttäuschungen und Verstimmungen, dann gegebenenfalls zu einer inneren und über kurz oder lang zu einer äußeren Kündigung. Das Paradebeispiel für eine solche Situation: Ein Mitarbeiter fühlt sich vom Chef »im Stich gelassen« oder, schlimmer noch: »hintergangen«. »Ist das denn nun mein Problem?«, mögen wir uns fragen. Und die Antwort lautet: Ja, in der Tat haben wir da ein Problem. Denn die Neigung von Mitarbeitenden, der Führungskraft »Fairness« zu unterstellen und zu hinterfragen, ob es vielleicht andere, wichtigere Gründe für das Verhalten gab, ist für gewöhnlich gering bis null. Stattdessen ist mit Sicherheit davon auszugehen, dass ein Team über derlei Zwischenfälle spricht und Stimmung wie Motivation Schaden nehmen dürften. Wichtiger noch, bei der nächsten ähnlich gelagerten Situation werden die Mitarbeitenden sich erinnern, und der Riss im Teamgewebe könnte noch ein bisschen größer werden.

Es kann aber auch gute Gründe geben, just dann nicht zu handeln, wenn das Team es erwartet. Deshalb ist es von größter Bedeutung, diese Gründe bewusst zu formulieren und transparent zu machen. Hier kommt der gute *Tenkan,* die 180-Grad-Wendung, wieder ins Spiel. Wenn wir uns einmal gedanklich die Schuhe unseres Teams anziehen, das heißt die geplanten Schritte aus dieser Perspektive betrachten, wird es uns nicht schwerfallen zu verstehen, wo etwa Missverständnisse entstehen oder Absichten und Handlungen negativ wahrgenommen werden können. Wenn der Schritt dennoch unvermeidlich ist, dann sollten wir ihn so transparent wie möglich machen und die Gründe dafür ausführlich im Team- oder im Einzelgespräch klären. Das Ergebnis mag immer noch keine Begeisterungsstürme auslösen, aber unser Bemühen, es aus der Perspektive der Mitarbeitenden betrachtet und für sie nachvollziehbar dargestellt zu haben, wird auf jeden Fall wahrgenommen und positiv zu Buche schlagen.

Lassen Sie uns ein *zweites Szenario* der Wirksamkeitsunterschätzung betrachten: »Es wird schon nicht von so großer Bedeutung sein, ob ich hier so oder so entscheide« ist die zugrunde liegende Prämisse.

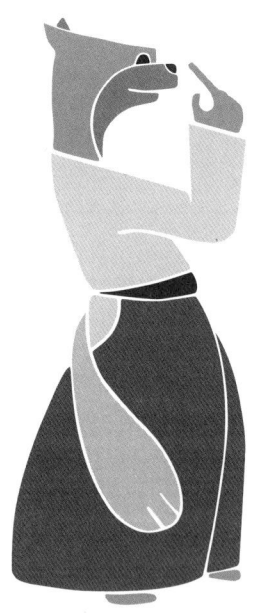

Dingo: »Träumen Sie ruhig weiter, aber seien Sie darauf gefasst, dass ich merke, wo Sie unachtsam sind, und ich werde es Ihnen nicht durchgehen lassen. Gleichgültigkeit ist ein *Tsuki* – eine offene Flanke. Dafür habe ich eine untrügliche Nase – schließlich sind wir Dingos in dieser Hinsicht bestens ausgestattet. Das riecht nach leichter Beute, und wenn ich nicht Aikidoka wäre, würde der Geruch meinen Jagdinstinkt auslösen, und Ihre Gleichgültigkeit wäre ein gefundenes Fressen für mich. Wenn ich nicht Ihr ›Buddy‹ wäre, würde ich es also ausnützen, dass Sie nicht bei der Sache sind, und mir den größten Teil der Beute sichern. Bis Sie Ihr Augenmerk auf mich gelenkt hätten, hätte ich mir den Bauch schon vollgeschlagen – also irreversible Fakten geschaffen.«

Als Führungskraft gilt es nicht nur, ein Team zu managen, sondern auch, mit Konkurrenz umzugehen und infolgedessen auch die Kunst des *Managing-up*[39] zu beherrschen. Die »Beute«, um die es sich handelt, könnte zum Beispiel die Zustimmung oder Unterstützung der nächsthöheren Ebene sein. Daran sind auch unsere Konkurrent:innen interessiert. Das heißt, wenn wir nachlässig handeln, werden unsere Konkurrent:innen dies wahrnehmen und versuchen, einen Vorteil daraus zu ziehen. Dies kann uns in verschiedenen Formen ereilen. Eine Entscheidung, eine Handlung, mit der wir hofften, »noch einmal davonkommen zu können«, tritt uns oftmals durch die Hintertür wieder entgegen, nur ist sie inzwischen von einer anderen Person dahingehend genutzt worden, sich selbst besser positionieren.

Ein Beispielszenario: Weil Sie und Ihr Team sowieso schon am Anschlag operieren, haben Sie beschlossen, ein Produkt, dem Sie keine großen Chancen einräumen, aus dem Sales Portfolio herauszunehmen. Ein gewiefter Kollege aus dem Parallelsegment nimmt das Produkt daraufhin ins eigene Portfolio auf und kommt am Ende mit höheren Verkaufszahlen zurück, als Sie mit den angestammten Produkten erzielen konnten.

---

39 Man versteht darunter den Vorgang, eine obere Führungsebene für Pläne, Ziele und Aspirationen der eigenen zu gewinnen.

Selbstwirksamkeit

Jetzt steht nicht nur die Höhe Ihres Verkaufsbonus infrage, sondern die nächsthöhere Ebene des Unternehmens wird Ihre Tatenlosigkeit und den sich positiv absetzenden Einsatz des Konkurrenten zur Kenntnis nehmen.

Diese Herausforderung anzunehmen und das Managing-up hätten sich in diesem Falle folgendermaßen darstellen können: »Ich behalte das Produkt gerne im Portfolio, aber wir kommen hier an eine Kapazitätsgrenze. Wir haben die Wahl, ein anderes Produkt zu depriorisieren oder abzukündigen, oder ich brauche zusätzliche Ressourcen. Gerne würde ich den Kollegen XY (Konkurrent) hier um seine Unterstützung bitten, um hier unsere Verkaufszahlen zu steigern.« Sie haben hier nicht versucht, irgendwie davonzukommen, sondern eine Lösung vorgeschlagen, die gleichzeitig den Konkurrenten einbindet.

Szenario *drei* der Selbstwirksamkeitsunterschätzung lautet in etwa so: »Es wird schon keiner merken, dass ich hier Wasser statt Wein gereicht habe.« Dazu gibt es ein wunderbares Gleichnis: Zu einem Dorffest sollten alle Winzer einen Schlauch Wein beisteuern. Aber Wein war ein kostbares Gut, und so dachte jeder Winzer bei sich: Wenn ich nur Wasser ins Fass kippe, fällt es bestimmt nicht weiter auf. Nun, der Festtag kam und, Sie haben es schon erraten: Was eigentlich das ganze Dorf er- und anheitern sollte, war kein Wein, sondern Wasser. Am Ende war niemand heiter und das Fest ein Flopp.

Auf das Berufsleben übertragen, bedeutet es, wenn mir selbst das Hemd näher ist als die Jacke und ich unter Vorwänden mir oder meinem Team immer die besten Bedingungen sichere oder vorgebe, eine Aufgabe erledigt zu haben, wenn dies gar nicht oder nur zur Hälfte der Fall ist, oder wenn ich versuche, einen Fehler zu vertuschen: Es wird mich immer einholen.

Insbesondere mit den heutigen technischen Möglichkeiten, aber auch, weil Sie von verschiedensten Menschen mit unterschiedlichsten Motiven beobachtet werden, gehen Sie am besten davon aus, dass alles, was Sie tun, hinterfragt und überprüft wird und auch überprüfbar ist. Geradlinigkeit ist letztlich das einzige Mittel. Ja, das kann mitunter schmerzhaft sein und Sie auch in ein weniger gutes Licht stellen, als Sie es meinen verdient zu haben, aber langfristig ist es einzig Ihre Integrität, die als Währung zählt.

Dingo: »Ja, es kann schon mal passieren, dass ich einen Fehler mache, weil ich meine *Ukes* falsch eingeschätzt habe, aber wenn ich versuche, vor ihnen davonzulaufen, überlasse ich ihnen das Feld. Die einzige Wahl, die ich habe, ist, mich der Herausforderung erneut zu stellen und es noch einmal zu versuchen. Diesmal mit vollem Einsatz – mit meinem gesammelten *Ki* –, ohne Schummeln und ohne Abkürzungen.«

Szenario vier der Unterschätzung: »Ich bin doch nur ein kleines Licht im ganzen Betrieb. Das gesamte Team hat diese Superleistung hingelegt«, ist besonders schwer durchschaubar, und nicht selten ist es das Gegenteil von dem, was es vorgibt zu sein. Hier ist wiederum Glaubwürdigkeit der entscheidende Aspekt – unser Dingo würde schon wieder Beute schnuppern.

In beiden Fällen – also, wenn Sie Ihren eigenen Anteil wirklich zu gering einschätzen oder eben aus vorgegebener Bescheidenheit das Team loben und den eigenen Anteil abwerten – erweisen Sie sich selbst einen Bärendienst und auch niemandem sonst einen Gefallen. Ihr Team wird selbst eine sehr genaue Einschätzung davon haben, wer was geleistet hat. Wenn Ihr Lob überschwänglich ausfällt, obwohl Sie selbst den größten Anteil hatten und dies nur nicht wahrhaben können, wird es unglaubwürdig erscheinen. Wenn Sie Bescheidenheit vortäuschen, obwohl alle wissen, dass Sie sich selbst für die Heldin des Geschehens halten, wird es als noch unglaubwürdiger wahrgenommen werden. Niemand kann aus alledem einen Vorteil ziehen, aber alle werden Befremden empfinden, und das Vertrauen in Sie und Ihre Fähigkeiten wird beschädigt. Wenn Sie das nächste Mal Ihre Rolle als *Nage*, als Handelnder, besetzen wollen, werden Ihre *Ukes* testen, ob da nicht doch etwas zu holen ist.

Überschätzung der eigenen Wirksamkeit

Szenario eins der Selbstwirksamkeitsüberschätzung: Wie erwähnt, können Menschen, deren Selbstwertgefühl nicht im Gleichgewicht ist, dazu tendieren, sich für besser und größer zu halten und darzustellen, als sie sind. Sie laufen damit Gefahr, sich ständig zu überschätzen und damit zu überfordern, und so sind Niederlagen gewissermaßen vorprogrammiert. Konkurrenten im Berufsleben oder auch nur Menschen, die aus eigener Unsicherheit immer Unsicherheiten von Vorgesetzten identifizieren wollen, werden sich nicht scheuen, Unzulänglichkeiten, Fehler oder Missgeschicke für ihre Zwecke auszunutzen. Wenn eine Mitarbeiterin auch nur einmal an entsprechender Stelle andeutet, dass Person X wohl nicht ausreichend für die Aufgabe Y qualifiziert sei, entsteht schon ein Imageschaden.

Und wenn eine Person, weil sie sich zu viel zugemutet hat, immer an der Kapazitätsgrenze entlangschlittert, ist dies auch der Gesundheit nicht zuträglich und erhöht die Gefahr des Burn-outs beträchtlich.

Dingo: »Ich rieche das doch sofort, wenn jemand vorgibt, mehr zu sein, als er ist, und wie schon gesagt, wenn ich nicht Aikidoka wäre, würde ich glatt das *Tsuki* ausnutzen und Fakten schaffen. Es wäre eine Kleinigkeit aufzudecken, wo die Person sich überschätzt, und sie bloßzustellen! Der Gesichtsverlust, der damit einhergeht, ist viel schlimmer, als sich einzugestehen, dass man Schwächen und Stärken hat oder an der Kapazitätsgrenze angekommen ist.«

Nun ja, nicht nur Dingos haben eine feine Nase für diese Form der Selbstüberschätzung, auch wir Mitmenschen merken es für gewöhnlich sofort, wenn Fiktion und Wirklichkeit nicht übereinstimmen.

Szenario zwei der Selbstwirksamkeitsüber- und -unterschätzung: »Ich bin unersetzlich.« Wir halten die Auffassung, dass jeder Mensch ersetzbar sei, zwar für den Gipfel des Zynismus,[40] aber es ist zweifelsohne rich-

---

40 Siehe dazu das Kapitel »Wertschätzung«.

tig, dass es Aufgaben, Probleme und Fragen gibt, die auch von anderen Personen bestens erledigt oder gelöst werden können.

Auch das berühmte »Micromanagement« ist eine Form dieser Selbstüberschätzung, und manch ein Mitarbeitender hat sich gefragt, warum man eigentlich für viel Geld angestellt worden ist, wenn die »Chefin« doch alles selbst macht.

Wenn diese Überschätzung aber in Unterschätzung umschlägt, ist der Moment gekommen, in dem es Aufgaben gibt, für die Sie selbst besonders gut geeignet wären und gebraucht würden, die Sie aber, weil Sie von delegierbaren Aufgaben zu sehr in Anspruch genommen sind, nicht erledigen können. Sie operieren dann nicht mehr entlang Ihrer Stärken, sondern entlang Ihrer Schwäche.

Szenario drei der Selbstwirksamkeitsüberschätzung: Wenn ich etwas für richtig erkannt habe, dann ist es richtig.

Das ist vermutlich recht häufig sogar zutreffend, aber den Moment zu verpassen, wo eine andere Sicht, eine andere Erfahrung, ein anderer Vorschlag zu einem besseren Ergebnis hätte führen können, kann sich auf Dauer als ziemlich kostspielig erweisen. Nicht nur, weil Fehler fast immer Geld kosten, sondern weil Initiative, Mitdenken und »Speaking truth to power« (Vorgesetzten reinen Wein einschütten) damit abgewürgt werden.

Die Mitarbeitenden, die anfänglich noch engagiert waren und Einwände vorgebracht haben, werden sich nach einer Weile abwenden, »den Chef«, »die Chefin« weiterwursteln lassen und sich auf Dienst nach Vorschrift zurückziehen – der oder die konstruktiv kritische Mitarbeitende ist verloren gegangen.

Vorgesetzte, die Stärken und Schwächen in anderen erkennen, ihre eigenen nicht verstecken und wissen, wo ihre persönlichen Grenzen verlaufen, ohne ihr Licht unter den Scheffel zu stellen, werden von Peers, Kollegen und Mitarbeitenden als authentisch wahrgenommen. Sie werden Unterstützung und Loyalität erfahren und können sich auf ihr Team oder ihre Kollegen verlassen.

PRAKTISCHER IMPULS

Machen Sie eine ehrliche Bestandsaufnahme: Wann und wo ist Ihnen eine Unterlassung schon mal auf die Füße gefallen?

Erinnern Sie sich an eine Situation, in der Sie schon mal gedacht haben: »Na ja, wird schon gut gehen«, weil Sie schnell entscheiden mussten. Hätte ein Moment Reflexion zu einer anderen Entscheidung geführt? Sind Sie anfällig für Micromanagement?

Führungsperspektivwechsel

Was veranlasst Menschen, einer Führungsperson zu folgen, wenn sie auch eine andere Wahl hätten? Dies kann nur in der Art der Persönlichkeit, Ausstrahlung und Überzeugungskraft begründet sein. Und wann halten wir einen Menschen für überzeugend? Wenn wir das Gefühl haben – und dieses Gefühl ist extrem fein kalibriert –, dass uns nichts vorgemacht wird. Eine Führungspersönlichkeit überzeugt also wodurch? Genau, durch Authentizität, und zwar in Zeiten und Gesellschaften, in denen die individuellen Rechte und Interessen einen hohen Stellenwert einnehmen und jedes Mitgehen, jede Mitwirkung selbstbewusst und aus freien Stücken kommen muss. Also in Zeiten wie diesen.

Das traditionelle Verständnis von Führung besteht darin, eine Person in einer Führungsrolle am oberen Ende einer Hierarchie zu verorten. Viele modernere Führungsmodelle haben das Ziel, diese überkommene Vorstellung zu überwinden.

Hierarchien sind jedoch biologisch in uns verankert, denn in der Natur stellen sie eine unverzichtbare Bedingung des Überlebens dar. Das erfahrenste und stärkste Tier führt, die Herde, das Rudel folgt. Auch in losen Verbänden etabliert sich diese Hierarchie. Hin und wieder wird die Hierarchie infrage gestellt – bekanntlich in Form eines Kampfes –, und dann bleibt entweder alles beim Alten, und das Leittier geht gestärkt daraus hervor, oder ein anderes Tier übernimmt die Führung. Oft reicht auch schon eine Machtdemonstration, das Aufplustern, das Strecken in der Körpergröße oder das von Affen bekannte Trommeln auf der Brust oder auch Fauchen und Zähneblecken. Wir beobachten Vergleichbares auch durchaus im menschlichen Miteinander.

Aber sind wir nicht Homo sapiens, und können wir nicht mehr?

Wenn wir »sapiens« nicht als Zustand, sondern als Auftrag betrachten, dann ergeben sich daraus eine Reihe von Neuorientierungen, die den Perspektivwechsel in Gang setzen.

Das Tier in uns erkennen

Unser Reptilienhirn ist für unsere reflexartigen Handlungen verantwortlich. Dieser älteste Teil des menschlichen Gehirns, der auf Gefahr reagiert, war in der Frühgeschichte des Menschen am wertvollsten, denn Säbelzahntiger und Konsorten konnten hinter jedem Baum auflauern. Seitdem haben wir uns, der Veränderung unserer Umwelt folgend, weiterentwickelt und bestimmte Fähigkeiten verfeinert und viele andere unreflektiert weitergelebt. Das ist auch logisch, denn unsere Fähigkeit zur Reflexion und Abstraktion hat sich erst allmählich mit der Weiterentwicklung des Neocortex, des neuesten Teils des menschlichen Gehirns, gesteigert. Was wir selten beachten, ist, dass all diese Entwicklungsstufen immer noch in unseren Gehirnstrukturen anwesend sind. Der genetische Bauplan des Menschen, in dem sie veranlagt sind, hat sich ja nicht rückabgewickelt, sondern nur weiterentwickelt. Die Übung, sich einmal bewusst zu machen, wann wir reflexartig unterwegs sind und wann wir uns darüber erheben und reflektiert handeln, ist erhellend und lohnenswert.

Im Reflex und noch deutlicher im Affekt sind wir gewissermaßen gefangen, und unser Handlungsspielraum ist extrem begrenzt, weil das aus Urzeiten stammende Reptilienhirn die Regie führt. Um uns aus dieser Begrenzung zu befreien, müssen wir unsere Reflexreaktionen erkennen. Dies ist der erste Schritt zu einer nachhaltigen Veränderung unseres *Verhaltens*. Die Betonung liegt auf *Verhalten*, denn es ist gerade nicht gefragt, dass wir unsere gesamte Persönlichkeit umkrempeln, sondern ihr, indem wir die Reflexe unter Kontrolle bringen, zu mehr Freiheit verhelfen.

Die »Reflexenergie« umlenken

Wie mehrfach angemerkt, sind unsere Reflexe zu anderen Zeiten überlebensnotwendig gewesen und daher auch von mächtigen Gefühlen und großer Energie angetrieben. Diese Energie, das *Ki*, nicht zu unterdrücken, sondern umzulenken und in kontrollierter Form wieder zum Einsatz zu bringen ist das Training des Aikidoka und der Führungspersönlichkeit.

Wir stehen wieder vor der scheinbar paradoxen Situation, auf etwas, was als negativ empfunden wird, beispielsweise einen Angriff, nicht negativ abwehrreflexiv zu reagieren, sondern ihn anzunehmen, anzuerkennen, zu reflektieren und ihn dann konsequent lösungsfokussiert umzuwandeln in etwas, das beide Seiten als positiv begreifen können, die gerne angeführte Win-win-Situation.

Negative Gefühle nehmen wir stärker wahr als positive, und sie bleiben länger in Erinnerung. Deshalb ist die Übung, jene in positive Lösungsenergie umzuwandeln, eine besondere Herausforderung. Es ist aber auch der Moment, in dem die Führungspersönlichkeit ihre Führungsstärke zeigt. Ergebnisse erweisen sich zuverlässig als schlechter, wenn wir einem Angriff – nicht nur einem physischen – oder einer als negativ empfundenen Aufgabe mit dem gleichen oder gar einem höheren Maß an negativer Energie begegnen. Eine Führungspersönlichkeit wird stattdessen das positive Ende im Visier behalten und die Energie darauf verwenden, auch einen »miesen« Job bestmöglich zu erledigen.

Dieses Führungskräftetraining kann schon früh im Leben beginnen. Ein Beispiel: Nahezu alle Kinder räumen ungern ihr Zimmer auf. Wenn sie lernen, eine ungeliebte Aufgabe trotzdem bestmöglich zu erledigen, also ihre Widerstandsenergie in die Tätigkeit umzuleiten, haben sie einen wichtigen Schritt in Sachen positiver Lösungsenergie vollzogen. Kinder lernen das, wenn die Erwachsenen mit einem guten Beispiel vorangehen. Führungskräfte leben es ihren Mitarbeitenden vor. Ob der Chef »auch selbst mal mit anpackt« oder ob er »immer nur delegiert und sich zuarbeiten lässt«, macht einen großen Unterschied im Ruf bei den Mitarbeitenden.

Hierarchien anders denken

Weil Hierarchien biologisch verankert sind, gestaltet sich das Umdenken hier besonders schwierig. Auch das Leittier handelt reflexgesteuert. »Sapiens« als Auftrag bedeutet nun, diese eingebaute Prädisposition zu nutzen, aber nicht auszunutzen.

Wir haben die Haltung der Führungskraft in dem Kapitel über Aikido als die von *Nage,* dem Ausführenden der Technik, charakterisiert. *Nage* besteht nicht darauf, seinen »Platz« zu behalten, beharrt nicht auf einer qua Jobtitel verliehenen, aber letztlich nur fiktiven Überlegenheit – beides wäre fatal –, sondern beginnt, die Situation aus dem Konflikt in die Lösung zu führen.

Was *Nage* dazu befähigt, diese Rolle zu spielen, das ist die innere Haltung, die nicht auf aggressive Weise gewinnen will, sondern das Geschehen mit Großzügigkeit und Aufmerksamkeit in eine andere Richtung lenkt.

Wo wir »klein« sind, gilt es, »Größe« zu entwickeln, wo wir eng sind, gilt es, Weite zu finden, wo wir kurzsichtig sind, gilt es, eine längere Sicht zu gewinnen. Wo wir starr sind, werden wir beweglich, wo wir schlaff sind, lenken wir Energie hin, wo wir orientierungslos sind, schlagen wir eine Richtung ein. Sie können diese Liste beliebig weiterführen mit all den Themen, die Sie bewegen.

Erinnern Sie sich auch daran, dass *Nage* und *Uke* im Aikido ihre Rollen ständig wechseln. Im Berufsleben ist es Usus, dass die Unerfahreneren von den Erfahrenen lernen sollen. Auf dieser anscheinend ehernen Regel nicht zu bestehen, sondern sie immer wieder gezielt umzukehren bringt frischen Wind in die Sache und hat das Potenzial, zu überraschenden neuen Ergebnissen zu führen, ändert es doch die Sicht der handelnden Personen.

Diese innere Haltung der Großzügigkeit – nicht im Sinne von Laisserfaire, sondern als Loslösung von den Befindlichkeiten des eigenen Egos und überkommenen Vorstellungen – ist die zentrale innere und ständig wiederkehrende Aufgabe, die *Nage* durch ständiges Reflektieren der eigenen Handlungen und Äußerungen wahrnimmt.

Nage führt zwar, aber eben nicht aus der instinktgesteuerten Energie des Leittieres, das seine Position verteidigen muss, sondern in der Gewissheit und mit der Entschlossenheit, dass jede seiner Handlungen die Gegensätze nicht verstärkt und verschärft, sondern sie zu einem guten Ergebnis führen wird.

Wer es schafft, sich von der Regie des Reptilienhirns zu befreien, die eigenen Versteifungen überwindet und sich das Erfolgserlebnis anderer/ neuer Lösungen gönnt, wird vor allem eines empfinden: mehr Freiheit und Handlungsspielräume.

Das Miteinander, die Kernkompetenz des Homo sapiens, stärken

Das Miteinander als Überlebenskonzept beherrschen auch Tiere: Hyänen mit ihrem komplexen Sozialsystem, Löwinnen, die im Team jagen, Wölfe, die ihre Beute als Rudel einkreisen – sie alle operieren allerdings nicht durch höhere Einsicht, sondern weil die Natur es sie gelehrt hat.

Unter Anthropologen galt bisher uneingeschränkt,[41] dass der »Sapiens sapiens« sich durchgesetzt habe, weil die Menschheit durch Sprache zu komplexerer Verständigung und damit zur Abstraktion und zu einem planmäßigeren Vorgehen in der Lage war. Dass wir gemeinsam mehr sind als die Summe aller Einzelteile, will sagen Individuen, hat bis heute seine Gültigkeit. So wie *Nage* seinen Gegner nicht dominieren, sondern seine Energie umlenken will, so stellen Führungspersönlichkeiten sich in den Dienst der gemeinsamen Sache. Das Ziel ist, etwas zu erreichen, und nicht, sich durchzusetzen.

Dass Führen Dienen bedeutet, hat sich, seit Robert Greenleaf das Konzept der *Servant Leadership*[42] vorangetrieben hat, auch in den Köpfen von Führungskräften nach und nach festgesetzt. Wir möchten hier festhalten, dass es sich bei unserem Ansatz nicht nur um ein Konzept, sondern um eine täglich praktisch gelebte und komplett verinnerlichte Haltung handelt. Dieser Verinnerlichung dienen die praktischen Kapitel, die

---

41 Dieses Bild wankt ein wenig durch neuere Neandertaler-DNA-Rekonstruktionen, aber ob es nun Sapiens allein oder Sapiens mit Genen von Neandertalern war, schränkt den Punkt nicht ein, dass durch Abstraktion und Gemeinsamkeit mehr möglich ist als ohne. Siehe dazu: https://www.welt.de/wissenschaft/article216773678/Fruehgeschichte-Affaere-mit-Folgen-So-hat-der-Mensch-den-Neandertaler-gepraegt.html.

42 Robert Greenleaf (Neuauflage 1991, Erstauflage 1970): The Servant as Leader. The Robert K Greenleaf Center, OCLC 24918113.

»Impulse« im dritten Teil des Buches, und sie ist auch das Ziel des Aikido-trainings.

Das Miteinander zu betonen und als zentral zu betrachten hat noch andere bedeutsame Vorteile. Wenn wir uns den Standpunkt aneignen, dass Kolleg:innen und Mitarbeitende ebenfalls das Beste im Sinn haben, dann ist es doch eine Selbstverständlichkeit, ihre Perspektive auf das Geschehen, das Problem oder auch nächste Schritte abzufragen und bei Entscheidungsprozessen mit zu berücksichtigen. Damit meinen wir nicht, dass alle Vorschläge am Ende in einer Entscheidung gespiegelt und umgesetzt werden müssen, aber jede Entscheidung wird zu einer besseren, wenn wir genau wissen, was sie bedeutet und warum wir bestimmte Aspekte außer Acht gelassen haben. Dazu ist es essenziell, die Sicht anderer mit zu durchdenken und fallweise zu verwerfen oder einzubeziehen. Auf diesem Weg entsteht eine andere, neue Qualität von Entscheidungen, die den Buy-in[43] der Mitarbeitenden fördert und so die Zuversicht wachsen lässt, dass das Vorhaben zu schaffen ist. Am Ende können Sie es als einen gemeinschaftlichen Erfolg feiern.

An unseren Führungsaufgaben wachsen

Nun stellt sich noch die Frage, was erwarten wir eigentlich von unserer Führungsrolle? Dies ist in gewisser Weise die entscheidende und – im wörtlichen Sinn – *wesen*tlichste Frage, die wir uns stellen können.

Ist diese Rolle, die uns da zugedacht wurde, ihrem Wesen nach eine, die wir ausfüllen, weil sie uns zugefallen ist, so wie wir jeden Tag essen und schlafen, oder ist sie eine, der wir einen tieferen Sinn und Zweck zuordnen? Ist sie eine Rolle, in der wir Erfolge, Schönheit und Gemeinschaft herstellen wollen, oder dreht es sich nur um Selbstbestätigung? Ist sie eine, die wir als Potenzial nutzen, um dem großen Ganzen zu dienen, oder erledigen wir einfach nur, was von uns erwartet wird?

---

43 »Buy-in« kann man mit »freiwilliges Engagement« der Mitarbeitenden übersetzen. Siehe dazu auch das Kapitel »Transparenz und Partizipation«.

Vermutlich werden Sie bei allen Gegensatzpaaren antworten: Das ist doch keine Frage: selbstverständlich Ersteres! Aber schauen Sie sich doch mal in Ihrer eigenen Lebenswirklichkeit um, und fragen Sie sich selbstkritisch: Stimmt das wirklich? Ist das tatsächlich der Impetus meines Handelns?

Das Sprichwort sagt: Man wächst an seinen Aufgaben. Das ist zweifelsohne richtig, aber damit ist das Wachstum nur auf die von anderen gestellten Aufgaben begrenzt. Führen mit einer Vision öffnet Freiräume für eine persönliche Weiterentwicklung, die über den unternehmensgesetzten Anspruch hinausgeht. Eines der besten Beispiele unserer Zeit liefert dafür Elon Musk. Seit seinem zwölften Lebensjahr ist er von dem Gedanken beseelt, die menschliche Zivilisation voranzubringen. Er baut keinen Tesla, weil er ein Auto bauen *soll*, er baut ihn, um den Verkehr zu revolutionieren und das Klima zu schützen.[44]

Welches Wesen wir einer Führungsrolle verleihen, ist untrennbar mit der Frage verbunden, warum wir eigentlich hier sind, was wir vom Leben wollen, was wir hinterlassen wollen – also eine Frage der Haltung.

Die Welt mitgestalten – das Ende im Blick

Gar zu oft verhindern äußere Zwänge – finanzielle Existenzsicherung, Befehle von »oben« abarbeiten und bedienen, Aktionäre zufriedenstellen und so weiter –, dass wir dazu kommen, uns die Frage zu stellen, was wir überhaupt hinterlassen wollen. Nicht selten überkommt uns, meist in der Mitte des Lebens, die Sinnfrage: Warum mache ich das hier eigentlich? Wozu ist das alles gut? Ist es überhaupt gut oder richtig, und wo soll es hinführen?

Es fällt nicht leicht, diese Fragen zu beantworten. Denn wie so oft im Leben hat vieles sich so ergeben, haben wir Gelegenheiten genutzt. Unterwegs erschien das alles richtig und attraktiv, und dann irgendwann, in der Nachbetrachtung, nagt etwas an uns.

---

44 https://www.xprize.org/Elon.

Eine Alternative dazu besteht darin, sich die Frage zu stellen: Wer will ich gewesen sein? Wofür will ich in Erinnerung bleiben, und was soll die Nachwelt von mir denken?

Ihnen mag jetzt der Einwand durch den Kopf schießen: Was soll das? Ich stehe doch noch voll im Leben! Stimmt. Dennoch, je früher Sie sich mit diesen Fragen beschäftigen, desto sinnhafter wird sich Ihr Berufsleben gestalten. Es geht dann um einen Sinn, der über das Jetzt und die betriebliche Notwendigkeit Ihres Handelns hinausweist.

Und Sie haben die Wahl: Will ich einen Beitrag leisten oder nur mir selbst genügen? Will ich gestalten oder gestaltet werden? Für welches Ziel, für welchen Sinn will ich mich einbringen?

Die praxisbezogenen Kapitel im nächsten Teil geben Impulse, über diesen Perspektivwechsel zu reflektieren.

Teil 3

Impulse für den authentischen Weg

In diesem Teil des Buches behandeln wir Themen, die für den Weg zur *authentischen Organisation* und das Wirtschaften im Solidarzyklus von zentraler Bedeutung sind.

Wir greifen hier aus der Sicht der Praxis zuvörderst jene Kriterien auf, die für Ihren persönlichen Weg als Führungspersönlichkeit von Bedeutung sind. Die Aikidoprinzipien finden Sie hier auf den Alltag im Unternehmen angewandt. Anhand von Analogien zeigen wir, wie die Haltung des Aikido dabei helfen kann, zu positiven wünschenswerten Ergebnissen zu kommen.

Gedankenausflüge, Übungen und Fragen sollen es Ihnen begleitend erleichtern, sich in die veränderte persönliche Haltung zu diesen Themen hineinzufinden. Wir nennen sie praktische Impulse.

Hier ist der erste:

Dingo: »Ja genau! Auf zu weiteren Etappen unserer spannenden Entdeckungsreise! Erinnern Sie sich noch an die Übung aus dem Kapitel, in dem ich mich vorgestellt habe? Wir machen sie gleich noch mal zur Einstimmung. Denn hier geht es um Freiheit im Denken und in der Gestaltung, deswegen wollen wir unseren Freiraum erst mal erspüren.

›Erspüren!? Was soll das denn? Ist das jetzt wieder so 'ne esoterische Masche?‹, mag Ihnen gerade durch den Kopf schießen …

Sehe ich so aus, als ob ich esoterisch angehaucht wäre? Gehen Sie doch einfach mal mit! Sie werden überrascht sein.

Setzen Sie sich also aufrecht und mit entspannten Schultern – das heißt, sie haben in etwa die Form eines Kleiderbügels – auf einen Stuhl, am besten vor einem Fenster. Lassen Sie Ihre Arme einfach ohne irgendeine Anstrengung herunterhängen. Sie können die Übung auch – wie ich – stehend machen, wenn Ihnen das angenehmer ist. Richten Sie Ihren Blick in die Ferne, so weit Ihr Auge reicht. Wenn ein Hochhaus im Wege steht, stellen Sie sich vor, wie es dahinter weitergeht. Wenn da noch mehr Hochhäuser stehen, dito. Wenn es keine Hindernisse gibt, schauen Sie, so weit Sie können. Atmen Sie ein paarmal tief ein und aus. Was passiert? Was spüren Sie in den Schultern, in der Brust, im Bauch?

Das war der Blick über den Horizont hinaus, jetzt wollen wir uns auch auf das einlassen, was direkt vor uns liegt.

Stellen Sie sich vor, jemand hält Sie am Handgelenk fest, und Sie möchten sich aus dem Griff befreien. Ihre erste Reaktion könnte sein, dass Sie fliehen wollen, und Sie reißen und zerren, ohne jedoch loszukommen. Hier hilft *Irimi Tenkan*. Wenden Sie sich dem »Angriff« zu – *Irimi* –, verlangsamen Sie Ihre Bewegung – Reflexion –, und schlagen Sie mit einer 180-Grad-Drehung – *Tenkan* – eine neue Richtung vor.

So verschaffen Sie sich die Freiheit, neue Horizonte und Blickwinkel zu erschließen, für sich selbst und für Ihr Unternehmen.

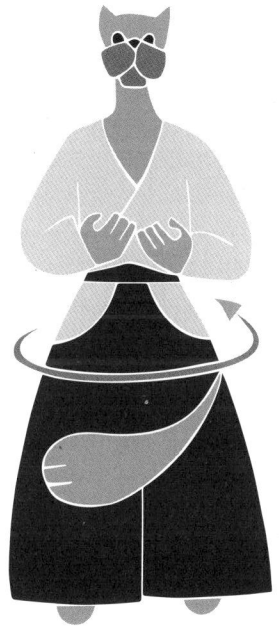

Wertschätzung

Wertschätzung und wertschätzender Umgang in Unternehmen sind viel besprochene Themen und begleiten Führungskräfte ständig: in der Fachliteratur, in Seminaren, in Unternehmens- und Führungsleitbildern, in Teamregeln und Corporate-Behavior-Vereinbarungen. Wertschätzung wird als Faktor für hohe Leistungsbereitschaft und niedrige Krankenstände angeführt. Fehlende Wertschätzung sei eine Quelle für Frust und innere Kündigung. Dies gilt es zu vermeiden. Aus diesem Grund werden Führungskräfte fortgebildet, geschult und trainiert. Ziel ist es, die Mitarbeitenden zu motivieren, zu binden und mögliche Widerstände in Motivation umzuwandeln.

Wertschätzung ist also Mittel zum Zweck? Die Autorinnen finden ganz klar: nein! Wertschätzung ist dann angebracht, wenn sie wirklich empfunden wird, sie sollte jedoch niemals instrumentalisiert werden.

Immer wieder wird betont: »Die Mitarbeitenden sollen sich wertgeschätzt fühlen.« Das geht den Autorinnen nicht weit genug. Die Mitarbeitenden sollen wertgeschätzt *werden,* denn nur dann kommt der Geist der Wertschätzung an und wird seine volle Kraft entfalten. Um das zu verdeutlichen, ein kleiner Ausflug zu einer weiteren Situation des beruflichen Miteinanders, in der klar wird, ob jemand eine Aussage ernst meint oder sie als Methode einsetzt, die Dankbarkeit. Wenn ein Kooperationspartner sich für die gute Zusammenarbeit, das gute Ergebnis bedankt, freuen Sie sich sehr darüber.

Sie kennen aber höchstwahrscheinlich auch das unbestimmte Gefühl, mit einem Dank so recht nichts anfangen zu können beziehungsweise nicht zu glauben, dass er wirklich aufrichtig gemeint sei. So verhält es sich auch mit der Wertschätzung. Es ist im Grunde nicht möglich, sie lediglich zu benutzen, um etwas zu erreichen, denn die Menschen können die Intention dahinter spüren, abgesehen davon, dass es unredlich und berechnend ist.

Mitarbeitende werden es auch dann nicht als ehrlich gemeint empfinden, wenn Dank oder Lob sich nicht mit der Eigenwahrnehmung decken. Wer überzeugt ist, eine Aufgabe nicht gut genug bearbeitet zu haben, oder heute mit der Frisur so gar nicht klargekommen ist und dann genau dafür ein Kompliment erhält, wird sich denken, dass dies vom Chef oder von der Chefin nicht ehrlich gemeint ist. Der entscheidende Punkt ist also die Stimmigkeit von Zuspruch und Selbstwahrnehmung, andernfalls ist die Absicht relativ leicht zu durchschauen: »Das sagt er/sie doch nur, damit ich Überstunden mache.«

Der zweite wichtige Aspekt bei der Wertschätzung sind die Wahrnehmung des anderen und das zugewandte Ausdrücken dieser Wahrnehmung. Im Sinne der Autorinnen ist Wertschätzung eine Haltung den Menschen gegenüber, die in entsprechenden Handlungen und Mitteilungen Ausdruck findet. Erlernte Methoden, Tricks und Kniffs anzuwenden ist deshalb nie ausreichend, vielfach sogar kontraproduktiv. Denn Wertschätzung beginnt mit aufrichtigem Interesse am anderen Menschen, in tatsächlichem »Wissenwollen«, was ihn bewegt und aus welchem Antrieb heraus er gerade handelt. Es sind also die Fähigkeit und die Bereitschaft gefordert, Gefühle und Motive bei anderen zu erkennen. Wertschätzung ist demnach ein Ausdruck von Empathie.

Empathie bedeutet, sich in einen anderen Menschen hineinfühlen zu wollen und zu können. Nachempfinden können, wie es ihm wohl gehen mag, wie er sich gerade fühlt. Empathie geht von mir aus und wendet sich dem anderen Menschen zu.

Dingo: »Falls Sie sich jetzt damit herausreden wollen, dass Ihnen dazu die Zeit fehlt, lassen Sie sich von anderen Unternehmen inspirieren, die ihre Mitarbeitenden befragen und dann tatsächlich konkret auf die Ergebnisse dieser Befragungen Bezug nehmen. Vergessen Sie nie, unser Ziel ist immer die beste Lösung. Lahme Ausflüchte, um Nichtstun zu rechtfertigen, fliegen uns doch nur irgendwann wieder um die Ohren.«

Wie bei dem Beispiel der Dankbarkeit beschrieben, ist es nötig, dass diese Zuwendung auf Resonanz beim Gegenüber trifft, um wertschätzend empfunden zu werden. Hierfür verwenden wir den Begriff der »Kongruenz«. Fehlt diese Übereinstimmung oder mindestens eine Schnittmenge, bleibt das Gefühl der Wertschätzung aus.

Wertschätzung stellt die andere Person in den Mittelpunkt, um sie wahrzunehmen und diese Wahrnehmung auch spürbar zu kommunizieren. Wer kongruent und damit authentisch vorgeht, der kann Wertschätzung nicht mehr als Mittel zum Zweck einsetzen, um mehr Leistung, Überstunden oder weniger Krankenstand zu erreichen.

Viele Unternehmen haben diesen Gedanken der Wertschätzung in einen Slogan gegossen: »Im Mittelpunkt steht der Mensch!« Branchen und Firmengröße, egal, überall steht der Mensch »im Mittelpunkt«. Ob das dann wirklich zutrifft oder nur von der Werbeagentur vorgeschlagen wurde, ist recht schnell zu merken. In einer Firma gab es ein Plakat mit dem Slogan »Im Mittelpunkt steht der Mensch« und – nicht zufällig andernorts oft kopiert – eine handschriftliche Ergänzung: »... und damit allen im Weg!« Diese Art von Sarkasmus kann entstehen, wenn man den Slogan als hohle Phrase entlarvt hat.

Ein nicht zu vernachlässigender Gedanke sollte in diesem Zusammenhang immer mit einfließen, dass viele Menschen erst einmal grundsätzlich skeptisch sind, wenn ihnen Wertschätzung entgegengebracht wird. Sie können die Echtheit nicht recht glauben, weil sie eben schon zu oft andere Erfahrungen gemacht haben. Daher ist es schon sehr wichtig, die Wertschätzung nicht zu missbrauchen und lediglich für das Ziel »mehr Leistung« zu benutzen.

Zeigen Sie, dass Sie wirklich für Ihre Mitarbeitenden da sind. Stellen Sie nur Fragen, wenn Sie wirklich etwas wissen wollen, reden Sie in Kritikgesprächen nur über die Sache, und benennen Sie Erfolge nur dann, wenn es wirklich welche sind. Und damit sind wir bei einem weiteren bedenkenswerten Aspekt der Wertschätzung angekommen, dem Lob: »Wer lobt, zeigt damit Wertschätzung« – auch damit müssen wir aufräumen. Das stimmt einfach so nicht. Wer lobt, zeigt oft eine Art Überlegenheit: dass er entweder real über dem anderen steht oder sich über ihn stellt. Es loben Eltern ihre Kinder, es loben Meister ihre Azubis, es loben Teamleiter ihre Teams. Loben kann nur der, der eine Handlung wirklich als »gut« oder »herausragend« beurteilen kann.

Dingo: »Erfühlen Sie in Bezug auf ›Obrigkeit‹ einmal wertend den Unterschied zwischen: ›Oh, das ist wirklich sehr gut. Ihr Beitrag XY hat es rausgerissen!‹ und ›Das haben Sie gut gemacht. Machen Sie nur weiter so!‹ Na, ist klar? Haben wir doch alle schon einmal so ähnlich erlebt. Für den Aikidoka bedeutet das Erstere, einen echten Kontakt hergestellt zu haben, das Zweitere, an *Uke* vorbei gehandelt zu haben.«

Zu der Möglichkeit, dass Lob nicht richtig ankommt, gesellt sich die Folge von zu viel Lob. Auch sie ist wenig heilsam. Mitarbeitende agieren im Sinne der Ziele dann nur noch, um gelobt zu werden, oder um –

auch eine Form von »Lob« – den Bonus zu bekommen. Nicht das gute Arbeitsergebnis ist dann die Motivation, sondern die Belohnung. Zudem ruft Belohnung auch immer das Gegenteil mit auf den Plan: die Bestrafung. In einem solchen System wird Konkurrenz ungesund gelebt, und Wertschätzung verschwindet – wenn es sie denn je gegeben hat.

Das ist freilich überhaupt kein Plädoyer dafür, nicht mehr offensiv zu bemerken, wenn etwas gut gelaufen ist, und sich nicht mehr vor und mit den Mitarbeitenden darüber zu freuen. Um diesen Aspekt zu beschreiben, noch mal eine kleine Geschichte.

Ein kleiner Junge – Tim, noch keine fünf Jahre alt – langweilt sich beim Besuch seiner Oma. »Dann mal doch was«, sagt die Mutter, und die Oma holt einen kleinen Block und einen Kuli. Den nimmt Tim und kritzelt widerwillig auf dem Papier herum. Wie das aussieht, können Sie sich vorstellen. Da er ja eigentlich die Gemeinsamkeit mit der Oma und der Mama sucht, zeigt er den beiden sein Gekritzel, die in Lobeshymnen über das tolle Bild einstimmen.

Dingo: »Das ist doch die Höhe der Unredlichkeit, die niemand und sicher nicht nur Heranwachsende, die noch Orientierung suchen, verdienen. Der Junge wird doch im Grunde ... na ja, veräppelt. Die beiden Erwachsenen versetzen ihn nicht in die Lage, wirklich malen zu können, ignorieren seinen wahren Wunsch und geben eine unehrliche Rückmeldung. Beide wollen bloß ihre Ruhe. Wie soll Tim denn dadurch einschätzen lernen, ob sein Bild schön ist oder nicht?«

Die Geschichte mit Tim geht weiter; die Mutter neigt dazu, ihn überschwänglich zu loben, auch wenn er nur drei Legosteine übereinandergesteckt hat oder nur ein Puzzleteil statt alle fünf verbaut hat. »Timmi, du machst das sooo toll!« Der Tonfall der Mutter ist leicht vorstellbar. An dieser Szene wird deutlich, gerade weil sie so simpel, aber gleichzeitig so überzogen ist, dass Lob nicht nur wertschätzt, sondern auch benutzt wird, um Menschen empathielos »abzuwimmeln« oder auch zu manipulieren, was unter Umständen sogar zur Entwicklung eines falschen Selbstbildes führen kann.

Was hätte die Mutter denn dann stattdessen tun sollen? Eine wirkliche Chance, sich selbst und seine Leistungen besser kennenzulernen, hat Tim dann, wenn er eine Rückmeldung bekommt, die beschreibt, was er gemacht hat: »Da hast du drei Striche auf Omas Block gemacht.« Oder wenn die Mutter eine Frage dazu stellt: »Ich glaube, du hast gar keine Lust zum Malen. Stimmt das?« Das Erstere macht deutlich, dass wahrgenommen wird, was Tim gemacht hat; das Zweite zeigt Interesse an dem, wie er sich dabei fühlt.

Bezogen auf den beruflichen Alltag, heißt das: Bemerken Sie, was Ihr Team geleistet hat, und beschreiben Sie es. So kommen Sie in echten Kontakt mit dem Team, und Sie machen deutlich, dass Sie sehr genau mitbekommen, was das Team leistet. Und damit schließt sich der Kreis: Wertschätzung findet statt, wenn Menschen merken, wenn und dass sie

wahrgenommen werden. Wer ehrliche Rückmeldungen bekommt, die sich mit der eigenen Einschätzung decken, der spürt, dass er wahrgenommen wird – als Person, in seiner Funktion oder auch einfach nur, dass er da ist.

In dieser Atmosphäre entstehen Bindung und Einsatzbereitschaft. Zudem ist es das Gegenteil von »Jeder ist ersetzbar«.

Dingo: »›Jeder ist ersetzbar‹ ist in meiner Welt der Gipfel des Zynismus. Der Kontakt mit jedem Menschen ist einzigartig, weil auch der Ausdruck jedes Menschen einzigartig ist. Deshalb ist niemand ersetzbar. Erfahrene Aikidoka können auch mit verbundenen Augen ihre Angreifer identifizieren, weil sie den individuellen Ausdruck, das individuelle *Ki* eines jeden Einzelnen aus ihrer Trainingsgruppe, wahrnehmen und verinnerlichen. Das erlaubt ihnen, auf Augenhöhe und produktiver in Beziehung zu ihrem Gegenüber zu treten. Auch bedeutet ›Jeder ist ersetzbar‹, dass man sich voneinander trennen wird. Aikidoka bewerten jede Unterbrechung des Kontaktes als eine Niederlage, denn in diesem Fall dreht die betreffende Person sich enttäuscht um. Es ist also eine verpasste Gelegenheit, Beziehung, Harmonie und letztlich Gemeinschaft herzustellen, und die lastet der Aikidoka sich selbst an.«

Menschen, die gesehen werden – mit ihren Fähigkeiten und Fehlern, mit ihren Eigenheiten und Wünschen –, werden sich für ein Unternehmen einsetzen, weil es offensichtlich nicht egal ist, ob sie da sind oder nicht. So einfach ist Wertschätzung.

PRAKTISCHER IMPULS

Stellen Sie sich die Mitarbeitenden aus Ihrem Team vor, einen nach dem anderen. Was schätzen Sie an ihm/ihr? Persönlich und fachlich. Jeden Tag zwei. Beginnen Sie mit denen, bei denen es Ihnen leichtfällt.

Wertschätzung

Lösungsorientierung

Dingo: »Also, ich will mal ehrlich sein: Wenn irgendetwas partout nicht klappen will oder ich mich von irgendwo bedroht fühle, dann verspüre selbst ich auch schon mal den Impuls, kurzen Prozess zu machen. Draufhauen, abfahren!

Der Aikidoka in mir ruft mich umgehend zur Ordnung und fragt: Ist das notwendig? Und stellt dann die noch schmerzhaftere Frage: Ist DAS die beste Lösung?«

»Draufhauen, abfahren!« können wir einfach nicht als absichtsvolles, lösungsorientiertes Handeln kategorisieren. Dem Impuls zu folgen und Fakten zu schaffen hat den äußerst unguten Effekt, dass er sich nicht rückgängig machen lässt, auch wenn das Ergebnis nicht unseren Wünschen entspricht. Es hilft also, unser Handeln vom Ergebnis her zu denken, und ein Scherbenhaufen, im wörtlichen wie im übertragenen Sinn, ist nicht das, was wir uns als Führungskräfte erlauben können, ansteuern zu wollen. Der Aikidoka ist angehalten, Energien zu harmonisieren. Im Bild der Scherben würde das auf keinen Fall bedeuten, zwei Teller auf den Boden zu werfen und zerspringen zu lassen. Es würde bedeuten, zwei Teller in der Luft zu drehen und das Ziel zu haben, sie auf einer Stange rotieren zu lassen. Nicht einfach, aber eine Frage der Einstellung.

Was bedeutet also »bedingungslos lösungsorientiert«? Also in jedem Fall bedeutet es nicht, unseren eigenen Impulsen, das heißt Reflexen, freien Lauf zu lassen.[45] Es bedeutet auch nicht, den Reflexen anderer zu folgen, aber es kann durchaus darauf hinauslaufen, dass wir als Führungskräfte einem Vorschlag folgen, der nicht unser eigener ist. Warum sollten wir das tun? Weil wir sehen können, dass dieser Weg uns der gewünschten besseren Lösung näherbringt. Dabei spielt es keine Rolle, dass es nicht unsere Idee war.

Es ist, wie schon gesagt, eine Frage der Einstellung. Ist es wichtig, dass es meine Idee war? Das »Not invented here«-Syndrom ist deshalb zu einer stehenden Redewendung geworden, weil Unternehmen wie Einzelpersonen sich schwertun, ihre Selbstverliebtheit hintanzustellen, aber was sagte noch O-Sensei? Der wahre Sieg ist der Sieg über das Selbst. Im Sinne einer Lösung heißt es, das Ego zurückzustellen und Raum für die Schaffung einer neuen Lösung zu eröffnen.

Wie funktioniert das mit dem Zurückstellen des Egos denn praktisch, im Betriebsalltag? Es klingt simpel: zuhören und nachfragen, ersten Vorschlag formulieren, weiter zuhören, nachfragen, nächste Version, zuhören, nachfragen, Lösung präsentieren. Aber wir wissen natürlich alle, dass es so einfach nicht ist. Fragen können als »Löchern« verstanden werden, und Zuhören kann als Passivität ausgelegt werden. In den Händen von Führungskräften sind Fragen vor allem ein mächtiges Werkzeug, um sich der bestmöglichen Lösung anzunähern.

---

45 Siehe dazu das Kapitel »Reflexion statt Reflex«.

Die fünf Formen
lösungsfokussierter Fragen

Das Beste an diesen fünf Formen[46] ist, dass sie bestimmte Kategorien von Antworten, die dann im Sinne der gesuchten Lösung konkrete Inhalte und Ergebnisse liefern, provozieren.

1. Geschlossene Fragen

Hier sind Fragen gemeint, die mit Ja oder Nein beantwortet werden können. Meist zu Beginn eines Treffens gestellt, dienen sie dazu, die Stimmung auf das Positive zu richten. Dazu sollten sie so formuliert werden, dass sie mit Ja beantwortet werden können. Haben alle die Materialien erhalten? Sind Sie damit einverstanden, dass wir im Sinne unserer aller Zeit die Sitzung nun beginnen?

Im Grunde ist es das, was als Small Talk zum Einstieg in jedes Gespräch bekannt ist.

2. Offene Fragen

Offene Fragen sind die sogenannten W-Fragen: wer, was, wann, wie, wo und warum. Vorweg ist es wichtig, dass die Lösungsfokussierung auf die Frage nach dem Warum verzichtet. Es wird nach dem Wie, dem Was, dem Wofür und Wozu gefragt. Das Warum sollte ausgeklammert werden, wenn es nach der Vergangenheit fragt. Wenn es nur gilt, das Problem zu analysieren, um die Lösung zu finden, braucht es die Antwort auf das Warum tatsächlich nicht. »Warum ist es passiert?« erntet oft Schulterzucken. Wenn es in Bezug auf die Lösung als »Warum denken Sie in diese Richtung« verwendet wird, kann es hilfreich sein. Die Antwort auf die anderen W-Fragen fällt jedoch leichter: Wie genau und was ist passiert?, das lässt sich tatsächlich meist leichter beschreiben. Oder: Wozu hat das geführt? Wofür hat es getaugt? Woran machen Sie das fest?

---

46 Nach de Shazer, Steve; Dolan, Yvonne, et al. (2020): Mehr als ein Wunder. Lösungsfokussierte Kurztherapie heute. Dolan.

All diese Fragen sollen das Denken anregen für umfassende Antworten, die zur Lösung führen können. Sie können ebenso den Blick auf die nötigen Teilschritte aufzeigen, die die Komplexität reduzieren.

3. Zirkuläre Fragen

Das zirkuläre Fragen macht eine neue Richtung auf. Es versetzt sich in eine andere Person, um zu ergründen, was diese wohl in der Situation denken oder unternehmen würde. »Was, glauben Sie, würde Ihre Kollegin, Ihr Mitarbeiter, die Kundin zur Sache sagen?« Diese Frageform lädt ein, die Situation mit anderen Augen, aus der Sicht eines anderen Menschen zu sehen, und eröffnet so nicht selten völlig neue Perspektiven. Um die Situation aus verschiedenen Richtungen zu beleuchten, können Sie verschiedene Personen aus der Perspektive verschiedener Personen befragen. Das schafft viele neue Gedanken. Und jeder einzelne kann die Lösungen in sich tragen.

4. Hypothetische Fragen

Diese Frageform geht Annahmen auf den Grund. Es werden Szenarien verschiedener Handlungsmöglichkeiten überlegt und dann hypothetisch zu Ende gedacht. »Gesetzt den Fall, wir würden dies oder jenes jetzt tun, was würde sich dann (zum Besseren) verändern?« Hier können Sie auch die Realität der Ressourcenbeschränkung aufheben: »Angenommen, wir könnten alles machen, was wir wollten, hätten alle Möglichkeiten, über Budget, Personal und Material zu verfügen, was würden wir dann in diesem Fall tun? Wie genau würden wir vorgehen und in welchen Schritten?«

Noch einen Schritt weiter geht die *Wunderfrage*. Sie nimmt in der Lösungsfokussierung eine Schlüsselstellung ein. »Angenommen, wir kommen morgen früh wieder in die Firma, und es ist über Nacht ein Wunder geschehen. Alles ist so, wie wir es uns immer erträumt haben. Alles läuft optimal. Wie sähe das aus? Was wäre dann anders? Woran merken wir das als Erstes? Was genau wäre anders?«

5. Skalierende Fragen

Die skalierenden Fragen öffnen den Blick für die Unterschiede, für das, was schon geschafft ist oder was als Ziel formuliert wird. »Wo auf einer Skala von x bis y befinden wir uns heute?« »Wo wollen wir landen?« »Was haben wir anders gemacht, als wir unsere Position verbessern konnten?« »Was können und was wollen wir tun, um ein oder zwei Punkte weiterzukommen?« »Und was genau wäre dann anders?«

Es wird möglich, schon vorhandene Ergebnisse zu beschreiben oder zu messen und Veränderungen zu bemerken. Auch werden Effekte sichtbar, die vielleicht nicht geplant waren und dennoch positiv zum Unternehmenserfolg beitragen.

Wenn Fragen in den oben genannten Formen gestellt werden, verändern sich das Denken und die Richtung der Aufmerksamkeit. Insbesondere die schlechte Stimmung, die Teams befallen kann, wenn sie zäh und qualvoll nach möglichen Ursachen für Fehler suchen, kann sich nicht ungehindert ausbreiten. Und sie verschwindet ganz, wenn konstruktiv statt destruktiv, zukunfts- statt vergangenheitsorientiert, veränderungsoffen statt auf dem Status quo beharrend verhandelt und argumentiert wird.

Dieses Vorgehen bringt Optimismus, Glücksgefühle und die Stärken eines jeden Einzelnen hervor und bildet als Stimmung den angemessenen, ja unbedingt nötigen Rahmen, um eine Lösung überhaupt finden zu können. Innovative, gut umsetzbare Ergebnisse sind in einer Stimmung von Vorsicht, Misstrauen, Angst und Schuldzuweisung gar nicht möglich.

Wem es andererseits gut geht, wer sich sicher fühlt in seinem Team, der kann mutig etwas versuchen, kreative Ideen haben und trifft auf Kolleg:innen, die aus diesen Ideen das Beste herausnehmen und weiterentwickeln.

Also, stellen Sie einfach andere Fragen – und schon können Sie mit anderen Ergebnissen rechnen.

In Bezug auf das Finden von Lösungen hier noch ein paar Evergreens – frei nach Steve de Shazer und der Positiven Psychologie –, die Ihnen immer hilfreich zur Seite stehen werden.

1. *If it ain't broken, don't fix it.* – Es ist nicht nötig, etwas zu reparieren, das gar nicht kaputt ist. Verfallen Sie nicht dem permanenten Optimierungsanspruch, denn das Ergebnis könnte over-engineered sein.

2. *We can do it! – Wir können das!* – Vertrauen Sie Ihrem Team! Mit seinem Reservoir an Erfahrung, Fach- und Feldwissen kann niemand das Problem besser lösen als Ihr Team.

3. *Was funktioniert, taugt als Vorlage.* – Vielleicht gab es schon ähnliche Situationen in der Firma und bei anderen Gelegenheiten, auf die zurückgegriffen werden kann. Was woanders geklappt hat, könnte adaptiert werden oder als Grundlage für die neue Lösung dienen.

4. *Man kann keine anderen Ergebnisse erwarten, wenn man den gleichen Fehler immer wiederholt, wusste schon Albert Einstein.* – Auch wenn es schwerfällt, sind gerade Führungskräfte gefragt, dies zu erkennen und eine andere Richtung zu suchen.

5. *Der Spatz in der Hand ist besser als die Taube auf dem Dach!* – Nutzen Sie die Ressourcen, die tatsächlich zur Verfügung stehen. Aufzuzählen, was alles fehlt oder was alles aus welchem Grund nicht funktionieren kann, ist ein Zeitvertreib, trägt aber nicht zur Lösung bei.

6. *Irgendetwas geht immer.* – »Wer will, findet Wege – wer nicht will, findet Argumente«, sagt Götz Werner, der Gründer der Drogeriemarktkette dm, Albert Camus und den Dalai-Lama zitierend.

Als Führungskräfte sind es vor allem wir selbst, die dies im Sinne des Unternehmensgesamterfolgs vorleben. Der Schneeballeffekt wird nicht ausbleiben, denn auch Kollegen werden feststellen, dass man damit bessere Ergebnisse erzielen kann.

PRAKTISCHER IMPULS

Probieren Sie im nächsten Meeting eine für Sie neue und passende Frageform aus. Reflektieren Sie die Antworten und Ergebnisse.

Stärkenfokussierung
und Empowerment

Die Stärkenfokussierung richtet ihren Blick auf das, was jemand kann, und nutzt diese Fähigkeiten. So kommt man weiter, damit geht es allen Beteiligten besser. Denn das Reden über das, was nicht gehen wird und was schiefgelaufen ist, löst negative Gefühle aus, raubt Energie und Kraft. Das haben wir alle schon mal erlebt. Wir sind es seit der Kindheit gewohnt, auf Probleme und Schwächen zu schauen, auf das, was nicht geht, um es auszumerzen, besser zu machen. Das ist in der Schule so – es werden Fehler angestrichen, nicht das, was richtig ist –, in Ausbildung und Studium und auch im Berufsleben. Zudem wird oft verlangt oder erwartet, das zu lernen und zu üben, was man nicht gut beherrscht, und dann wird das Ergebnis schlecht benotet, anstatt die Anstrengung anzuerkennen.

Dazu eine kleine Geschichte, die Vera F. Birkenbihl[47] in einem ihrer Vorträge einmal erzählt hat (es handelt sich hier um eine sinngemäße Wiedergabe): Die Enten und die Katzen haben Schwimmunterricht. Es ist nicht schwer, sich vorzustellen, dass die Enten darin richtig gut sind und die Katzen jämmerlich. Kurz und gut, die Noten der Enten sind hervorragend, die Katzen haben es höchstens bis zur Vier minus geschafft. Die Enten gehen glücklich, die Katzen zerknirscht nach Hause. Am nächsten Tag steht Klettern auf dem Stundenplan. Jetzt schlägt die Stunde der Katzen. Sie können das und zeigen, wie leichtfüßig es möglich ist, den Baum zu erklimmen. Ganz im Gegensatz zu den Enten. Es ist ihnen nicht gegeben, und die Noten sind entsprechend. Und was passiert nun? Die Katzen werden vom Kletterunterricht befreit und die Enten entsprechend vom Schwimmen, denn das können sie ja schon. Gleichzeitig wird die Anzahl der Stunden in ihrem schwachen Fach, verdoppelt, damit sie sich

---

47 Vera Felicitas Birkenbihl (1946–2011), deutsche Managementtrainerin und Sachbuchautorin.

dort mehr anstrengen und den Abstand zu den anderen verkürzen können. Das Ergebnis: Die Enten erreichten auch im Schwimmen nur noch durchschnittliche Noten, weil ihre Füße das viele Klettern schlecht vertragen, und die Katzen haben durch die schlechten Noten im Schwimmen an Selbstbewusstsein verloren und das Klettern verlernt.

Jetzt mögen Sie denken: Das ist ein Extrembeispiel, aber ganz sicher kennt jeder aus seiner Kindheit ähnliche Geschichten. Wir haben diese Art zu denken so verinnerlicht, dass wir es ständig wiederholen, wider besseres Wissen. »Der soll sich mal richtig anstrengen, dann geht das schon!« »Sie will ja nur nicht. Wenn sie es wollte, würde sie es schaffen.«

Ein anderes Angebot macht hier die Haltung, die in der Pädagogik und auch in der Mitarbeiterführung mit *Empowerment* – wörtlich übersetzt: Ermächtigung – bezeichnet wird. Der Blickwinkel ändert sich um 180 Grad. Er richtet sich auf das, was möglich ist, wo die Stärken und Fähigkeiten sind. »Die Stärken stärken« und Lösungen mit vorhandenen Ressourcen finden, lautet die Devise.

Empowernd führen zielt darauf ab, dass die Katze ihre Kletterfähigkeit verbessert und nicht mühsam ein bisschen schwimmen lernt. Denn Ersteres macht glücklich, so der Gedanke – das Weitere bestenfalls weniger unglücklich.

Was macht glücklich? Was stärkt? Was führt zum Erfolg? Was lässt Optimismus entstehen? Was schafft Vertrauen? Dies sind die leitenden Fragen. Nicht die Schwächen bekämpfen oder reduzieren, sondern die Fähigkeiten nutzen und weiter ausbauen, um Erfüllung und Zufriedenheit im Leben wie in der Arbeit zu finden.

Der Empowermentansatz hat zum Ziel, Menschen in die Lage zu versetzen, ihre teils verschütteten Stärken zu entdecken und auszubauen. Das schafft Erfolgserlebnisse, die Mut machen, mehr und anderes zu wagen. Empowernd führen bedeutet dann für uns, zusammen mit den Mitarbeitenden nach ihren Fähigkeiten zu suchen, nach ihrer Kraft und Energie, mit der Überzeugung, dass es da etwas zu finden gibt. Die Enten sollten also aus dem Kletterteam genommen werden, damit sie in der Schwimmstaffel aufblühen können. Es braucht wenig Fantasie sich vorzustellen, dass die Enten im Kletterteam nicht reüssieren können und eher an einem Burn-out erkranken werden. Und sollten sie dann in der Wiedereingliederung ins alte Team zurückkommen, ist vorprogrammiert, wie es weitergehen wird.

Zur Verdeutlichung hier ein Beispiel aus dem echten Leben: Eine unserer Coachingkundinnen – CEO in einem großen Handelsunternehmen – überredete den besten Mitarbeiter aus dem Lagerhaltungsteam, die Leitung zu übernehmen, nachdem der Posten vakant geworden war. »Sie können das. Sie sind so lange hier. Sie machen das spielend. Die Ausbildereignungsprüfung wird auch kein Problem für Sie darstellen.« Die Argumente und Zweifel des Mitarbeiters wurden ignoriert oder mit Gegenargumenten außer Kraft gesetzt. Und natürlich fühlte sich der Mitarbeiter auch nicht wenig geschmeichelt, dass ihm diese Position zugetraut wurde, und nahm die Aufgabe an. Doch die Mehrbelastung mit der Neustrukturierung des Lagers und den Schulungsterminen für die Ausbildereignung machten ihm von Anfang an zu schaffen. Er wurde krank, und als er nach seiner Rückkehr bei seiner Vorgesetzten kein offenes Ohr für eine Umbesetzung fand, setzte Frustration ein. Gesundheitlich und psychisch angeschlagen, kündigte er schließlich nach einiger Zeit.

Eine zwingende Voraussetzung, um die Fokussierung auf die Stärken umsetzen zu können, ist es, die Fähigkeiten der Mitarbeitenden zu kennen oder – wenn nötig – kennenzulernen und in Personalentscheidungen zu berücksichtigen. Empowerment bedeutet, dass Führungskräfte eher als Mentoren und Förderer auftreten, um so das Beste in jedem Teammitglied aufzurufen und für die Ziele des Unternehmens wirksam zu machen.

PRAKTISCHER IMPULS

Welche Stärken haben meine Mitarbeitenden? Wann habe ich, weil es wichtiger war, ein Ziel zu erreichen, eine Personalentscheidung vorschnell getroffen? Hat sich das Warten auf die richtige Besetzung schon mal ausgezahlt? Welche Schwerpunkte werde ich zukünftig bei der Personalentwicklung setzen? Von welchen Methoden werde ich mich verabschieden?

Konfliktfähigkeit

Konflikte sind unangenehm, aber erstens unvermeidlich – früher oder später treten sie ein –, zweitens notwendig – um Klarheit zu schaffen –, drittens eine Chance – um zu einem besseren Verständnis zu finden –, und viertens bringt es nichts, ihnen aus dem Weg zu gehen, denn sie holen uns immer wieder ein.

Sie werden sich jetzt zu Recht fragen, warum wir, wenn wir einerseits Konfliktvermeidung predigen, andererseits nun davon sprechen, dass man ihnen nicht aus dem Weg gehen soll. Genau aus diesem Grund haben wir dieses Kapitel geschrieben, denn an dieser Stelle gibt es immer mal wieder Missverständnisse.

Zur Erklärung: Ein(e) Aikidoka geht dem Kampf oder Konflikt nicht aus dem Weg, sondern stellt sich ihm, das heißt, er oder sie versucht nicht, sich aus der Situation hinauszuwinden, davonzulaufen oder auch einfach zu kneifen. In all diesen Fällen hätte sie oder er die Rolle als *Nage* aufgegeben und würde zum *Uke*. Ein Aikidoka nimmt den Konflikt an, ohne jedoch die andere Wange hinzuhalten, und bemüht sich, das bestmögliche Ergebnis zu bewirken, also darum, den Konflikt nicht zu verschärfen, sondern ihn zu entschärfen. Genau genommen predigen wir daher nicht Konfliktvermeidung, sondern eine Änderung der Haltung, die an der Lösung von Konflikten orientiert ist.

Die Engländer sprechen vom »Skelett im Wandschrank« und verbinden damit die skurrile Vorstellung, dass irgendwann mal jemand eine Schranktür öffnet und ihm das Skelett entgegenfällt – wir sprechen üblicherweise von der Leiche im Keller. Das ist sinnbildlich der längst vergessene Konflikt, die ungeklärte Situation, die Notlüge aus grauer Vergangenheit, die einem buchstäblich auf die Füße fällt und jeden weiteren Schritt be- oder verhindern kann.

Wenn wir uns damit anfreunden, dass Konflikte zum Leben dazugehören wie die Schale zur Banane, dann haben wir einen ersten sehr,

sehr wichtigen Schritt getan, um besser damit zurechtzukommen. Denn anstatt erschrocken zu sein oder womöglich überrumpelt davon, dass die Welt so unglaublich bösartig sein kann, haben wir diesen emotionalen Schock von vornherein miteinkalkuliert und somit seine Schockwirkung stark reduziert. Das ist entscheidend, denn wenn wir nicht davon überrascht sind, können wir anders damit umgehen, also nicht in die reptilienhirngesteuerten Reflexe wie Schockstarre verfallen, sondern gezielt handeln.

Es liegt auf der Hand, dass wir einen Konflikt, den wir nicht annehmen, nicht lösen können, denn wir wissen meistens gar nicht, was die eigentliche Ursache oder auch das Motiv des Konfliktes ist. Zum einen lassen uns unsere Gegenspieler:innen nicht unbedingt wissen, worum es geht. Zum anderen spielen uns unsere Selbstwahrnehmung und der Wunsch, selbst immer im besten Licht dazustehen, hier öfter einen Streich. Es gibt immer ein Sender-Empfänger-Problem. Wenn wir einem Konflikt ausweichen, bleibt unser Verständnis darum, was ihn ausgelöst hat, im Bereich der Vermutungen oder auch der geschönten Eigenwahrnehmung. Wir haben also allenfalls nur die Hälfte oder auch gar nichts Relevantes empfangen.

Dingo: »Was sagte O-Sensei doch noch: Der wahre Sieg ist der Sieg über das Selbst. Sich einem Konflikt zu stellen heißt vor allem, das Gewinnen-Wollen zu überwinden. Nur wer nicht mehr gewinnen will, gewinnt den Blick aufs Ganze. Alles klar?«

Wenn wir uns stellen, erfahren wir, wie sich der Konflikt genau anfühlt, was an Emotionen, Frustration oder auch angebrachter und gerechtfertigter Kritik dahintersteht. Abgesehen davon, dass es uns menschlich weiterbringt, Emotionen und Frustrationen besser zu verstehen, können wir auf der Grundlage der vorgebrachten Einwände oder Kritik eine bessere Lösung finden. Wir können sie aufgreifen, nachfragen und von verschiedenen Seiten beleuchten. Zweifelsohne bringt uns das in die Lage, eine bessere Lösung als vorher zu finden.

Zuweilen besteht das einzige Mittel, um alle Karten auf den Tisch zu bringen, einen schwelenden Konflikt unter dem Teppich hervorzuholen, darin, ihn zu initiieren. *Nage* schafft das nicht durch einen Angriff, sondern durch ein Angebot. Das Angebot lautet, doch einmal darzustellen, warum Angriffsenergie entsteht. Dabei handelt es sich nicht um eine hinterhältige Falle, auch nicht um eine »loaded question«, also eine Frage, bei der man nur falsche Antworten geben kann, sondern vielmehr um ein echtes Angebot, das *Uke* nicht ausschlagen kann, bietet es doch die seltene Gelegenheit, einmal kenntlich zu machen, was anders sein könnte oder müsste. *Ukes* können dieses Angebot auch nicht ernsthaft ablehnen, weil sie sehr genau wissen, dass man ihnen das negativ anrechnen würde. Es lässt sich schließlich schlecht rechtfertigen, einerseits unzufrieden zu sein, andererseits aber nicht mitteilen zu wollen, warum das so ist.

Im Geschäftsleben erreicht man das durch lösungsfokussierte Fragen: Was beunruhigt Sie? Welche Sachverhalte erregen Ihre Besorgnis? Wie begründen Sie die Entscheidung? Für gewöhnlich ist nach fünf W-Fragen klar, worin der eigentliche Konflikt besteht.[48] Vor allem die Antworten nicht reflexhaft zu kommentieren, sondern weiter nachzufragen bietet große Chancen, auch das Sender-Empfänger-Problem gleich mit zu lösen. Sich in dieser Situation Kommentare strikt zu verkneifen verhindert, dass die Diskussion durch die Reaktionen auf Ihre Kommentare beeinflusst wird. Ihr Gesprächspartner muss darauf nicht eingehen, wird sich davon nicht angegriffen fühlen, braucht gar nicht erst für sich selbst zu bewerten, wie das jetzt gemeint gewesen sein könnte, und wird deshalb bei der Sache bleiben und nicht durch Emotionen abgelenkt. Das kann von Ihrer Seite nur gewünscht sein. Denn so erfahren Sie, was Sie wissen müssen.

Auch werden Konflikte genauso oft überbewertet wie unterbewertet. Einen Konflikt auszutragen ist kein Weltuntergang. Manchmal einigt man sich nur darauf, dass man sich nicht einig ist. Das ist zwar noch keine Lösung, aber es ist ein vorläufiger Endpunkt, von beiden Seiten respektiert, der ein Auseinandergehen ohne Gesichtsverlust ermöglicht. Die Unterbewertung »Warum soll man sich über so etwas streiten?« ist unter Umständen problematischer, weil wir uns in einem Frieden wähnen, der nicht wirklich existiert. Sich einzubilden, dass ein Konflikt gar nicht existiert, ist ein gewagtes Spiel. Wenn wir blauäugig in eine Situation stolpern, die Konfliktpotenzial oder Konfliktlast in sich birgt, dann kann sie uns von hinten einholen, bevor wir handlungsfähig sind. Letztlich gehört auch dies zur Form der Vermeidung.

Andererseits ist es auch weder nötig noch sinnvoll, jede Aufforderung zum Kampf anzunehmen. Es gibt Situationen, in denen alles gesagt wurde und Sie keinen Einfluss auf das Ergebnis mehr nehmen können, weil Ihre Gegenspieler:innen in eine Eigendynamik abgerutscht sind, auf die Sie letztlich keinen Zugriff mehr haben. Konflikte bieten jedoch die einzigartige Gelegenheit, den Weg aus der Enge des manchmal verbissenen Tunnelblicks herauszufinden. Sie zu vermeiden bedeutet immer, sich in seinen eigenen Möglichkeiten einzuschränken.

---

48 Siehe dazu auch das Kapitel »Lösungsorientierung«.

PRAKTISCHER IMPULS

Wann oder in welchen Situationen bestimmte das Gewinnen-Wollen Ihr Handeln?

Wann sind Sie das letzte Mal von einem erledigt gewähnten Konflikt wieder eingeholt worden?

Welche Angebote hätten Sie machen, welche Fragen hätten Sie stellen können?

Kommunikation im Dialog

Ausgangspunkt für das Miteinander von Menschen ist der unmittelbare oder der mittelbare Kontakt, wir sprechen von Kommunikation: verbal, nonverbal, körperlich, geistig oder neuerdings auch virtuell. Dieser Kontakt hat als Grundlage immer einen Austausch von Inhalten, Meinungen, Anliegen etc. »Vom ersten Tag seines Lebens an beginnt der Mensch, die Regeln der Kommunikation zu erlernen«, so formuliert es bekanntlich Paul Watzlawick.[49] Die Weiterführung dieses Satzes liegt nahe: Der Mensch lernt bis zu seinem Lebensende weiter dazu, weil in unterschiedlichsten Kontexten jeder Lebensphase und Lebenssituation sich die Frage stellt, wie das Miteinander*reden* zum *Verstehen* führen kann. Allzu oft erleben wir leider das Gegenteil: Es kommt nicht immer das an, was gemeint war. Motive, Gefühle und Intentionen werden anders verstanden, empfunden, interpretiert – kommen jedenfalls anders an, als wir es erwartet haben.

Ein Blick in die Erklärungsansätze der Kommunikationspsychologie zeigt, wie komplex die menschliche Kommunikation ist. Sämtliche Erfahrungen seit unserer Kindheit prägen unser Kommunikationsverhalten. Wie habe ich gelernt, mit Angst, Schmerz und Trauer umzugehen? Wie wurde darüber gesprochen? Welche Erinnerungen an Verständnis, Aufgehobensein und Unterstützung haben wir? Gibt es Schicksalsschläge, gibt es strahlende Erfolge, auf die wir zurückblicken? Alles hat Einfluss darauf, wie das, was wir hören, gemeint ist und wie das, was wir sagen, interpretiert wird. Und immer wieder stellen wir fest, dass wir nur wenig Einfluss darauf haben, ob die Botschaft so verstanden wird, wie sie gemeint war. Gerade im beruflichen Kontakt ist das von entscheidender Bedeutung, weil konkrete Ziele erreicht und anstehende Aufgaben erledigt werden müssen.

---

49 Vergleiche Paul Watzlawick (1969): Menschliche Kommunikation. Bern, S.13.

Missverständnisse kosten nicht nur Nerven, sondern nicht selten Geld, sie verletzen Mitarbeitende und vergraulen Kund:innen. Aber nicht nur deshalb wollen wir, dass wir uns verstehen und dass Kommunikation gelingt. »Wenn wir in Harmonie mit uns selbst und mit der Natur leben wollen, müssen wir fähig sein, frei in einer kreativen Bewegung zu kommunizieren, in der niemand auf Dauer an seinen Vorstellungen festhält oder sie sonst wie verteidigt«, konstatiert David Bohm[50] und schiebt noch die Frage nach: »Warum also ist es so schwierig, eine derartige Kommunikation tatsächlich zustande zu bringen?«

Dingo: »Ich sag's ja nicht zum ersten Mal ... Es läuft im Grunde immer wieder darauf hinaus, Klarheit in sich selbst zu schaffen und unsere Sinne – meine sind natürlich unendlich viel feiner als Ihre – dafür zu nutzen, genauestens wahrzunehmen, wer in unserem Sinnesumfeld gerade was tut. In

50 Vergleiche David Bohm (1998): Der Dialog. Das offene Gespräch am Ende der Diskussionen. Stuttgart, S. 29.

Kommunikation im Dialog

der Wildnis ist das nicht eine Frage der Zeit, sondern des Überlebens. Der Hase kann sich und seine Familie nur vor dem Dingo retten, wenn er alle seine Sinne gebraucht und seine Familie auch seine Warnung versteht und entsprechend handelt. Im Aikido macht es den Unterschied zwischen *Uke* und *Nage* aus. *Uke* mag ungestüm sein und seine *Tsukis* ignorieren. *Nage* tut das Gegenteil. Deshalb führt *Nage* und folgt – nicht im hierarchischen Sinn – *Uke*. So gesehen, ist bewusste Kommunikation ein ewiges Feld des Lernens, das Sie, einmal betreten, nie wieder verlassen werden – ein Weg, auf den wir uns jetzt begeben, Schritt für Schritt, Tag für Tag.«

Seit Menschengedenken haben sich Philosophen, Psychologen und Kommunikationstheoretiker über Zwischenmenschliches den Kopf zerbrochen. Das gegenseitige Verstehen scheint eine große Herausforderung zu sein. Daher gibt es auch viele wissenschaftliche und praktische Ansätze und Theorien, die erklären, wie es zu Störungen oder auch zum gegenseitigen Verstehen kommt. Friedemann Schulz von Thun hat Anfang der 1980er-Jahre die vielen Ansätze unter einen Hut gebracht, damit sie nicht nur für Fachleute verstehbar und praktisch nutzbar werden. So ist ein Modell zwischenmenschlicher Kommunikation entstanden, das bis heute einen hohen Stellenwert genießt und Grundlage vieler Kommunikationsseminare ist.[51]

Jede Nachricht, jede Aussage, jede Frage und auch jede Antwort kann vier verschiedene Aspekte aufweisen: Sach-, Beziehungs-, Selbstoffenbarungs- und Appellaspekt. Später sind diese Aspekte auch als vier Ebenen der Kommunikation oder als »Vier-Ohren-Modell« bekannt geworden. Dieses Modell ist bei der Kommunikation die Hilfestellung, um zum einen zur inneren Klarheit und zum anderen zu einer Idee zu kommen, warum mein Gegenüber was wie sagt.

---

51 Vergleiche Friedemann Schulz von Thun (1981): Miteinander Reden 1. Störungen und Klärungen. Allgemeine Psychologie der Kommunikation. Reinbek.

Dingo: »Ja, ja, der gute Friedemann und seine vier Ohren, hätte ich übrigens auch gern. Sie kennen seine erhellenden Beispiele aus dem Alltag. Sie fragt ihn: ›Wie viel Uhr ist es?‹

Er hört die *Sachebene* und antwortet: ›Es ist kurz nach drei.‹

Er hört die *Beziehungsebene* und sagt: ›Ständig wirfst du mir vor, dass ich dich nicht genug unterstütze. Dabei hast du noch eine Viertelstunde, das kriegst du schon hin ...‹

Er hört die *Selbstoffenbarungsebene* und sagt: ›Okay, wie immer schaffst du es nicht bis um halb vier ...‹

Er hört die *Appellebene* und sagt: ›Warte, ich helfe dir, damit du rechtzeitig fertig wirst.‹

Also, bei mir ist dabei eine Glühbirne angegangen, bei Ihnen auch?«

Hilfreich ist es, mir im Klaren darüber zu sein, *warum* ich etwas sage, und dies auch gleich mitzutransportieren. So hat mein Gegenüber mehr Orientierung, was ich ausdrücken möchte. Dann sähe es bei unserem Beispiel folgendermaßen aus:

Kommunikation im Dialog

»Ich habe keine Uhr um. Wie spät ist es gerade?« – *Sachebene.*
»Wie viel Uhr ist es jetzt? Ich bin schon wieder spät dran, und du brauchst Geduld mit mir.« – *Beziehungsebene.*
»Wie spät ist es? Ich schaffe es nicht rechtzeitig, habe mir schon wieder zu viel vorgenommen.« – *Selbstoffenbarungsebene.*
»Bitte hilf mir, damit ich es schaffe!« – *Appellebene.*

Klarheit in sich selbst und bewusster Umgang mit dem, was ich sage, bergen also die Chance, potenziellen Missverständnissen vorzubeugen. Das Vier-Ebenen-Modell ist eine einfache Grundlage dafür.

Ein weiterer Punkt, den wir noch nachdrücklicher herausstellen möchten, ist das Zuhören. Und hier ist auch das *Sich-selbst-Zuhören* als aktiver Prozess gemeint. Das mag Ihnen so auf den ersten Blick verblüffend vorkommen, weil Zuhören immer mit einem Gegenüber verbunden wird. Allerdings offenbart der Blick in mich hinein gleich mehrere Gegenüber, die häufig sogar heftig miteinander ringen, sich Vorwürfe oder Mut machen oder Angst vor etwas haben. Diese innere Zwiesprache kennen wir alle. Schulz von Thun hat die Teilnehmer dieser Zwiesprache als inneres Team bezeichnet.[52]

Dieses Sich-selbst-Zuhören braucht nichts weiter als ein bisschen Zeit und Ruhe, um in sich hineinzuhören. Wie oft scheint das Verdrängen, das quasi »Nichthineinspüren« der bessere, vermeintlich leichtere Weg zu sein. Aus der Haltung des Aikido ist aber abzulesen, dass genau diese Zuwendung die Situation verändert. Und auch bei der inneren Zuwendung den eigenen Gefühlen gegenüber ist das nicht anders.

Zuhören, wirkliches Zuhören, sich in einen anderen Menschen hineinzuversetzen, ist dagegen schon etwas anspruchsvoller. »Moment mal«, werden Sie jetzt sagen, »das tue ich doch ständig.« Ist das so? Wirklich? Hören Sie Ihren Mitarbeitenden tatsächlich zu? Das Zuhören setzt voraus, mit seiner Energie bei dem/der anderen und nicht bei sich zu sein.

---

52 Vergleiche Friedemann Schulz von Thun (1998): Miteinander reden 3. Das »innere Team« und situationsgerechte Kommunikation. Reinbek.

Wer ehrlich mit sich selbst ist, wird zugeben, dass dies oft nicht der Fall ist, gerade wenn Termin- oder Erfolgsdruck hinzukommen.

Dingo: »*Nage* handelt im Hier und Jetzt. Alles andere wäre gefährlich. *Nage* ist ganz nah bei *Uke* und bereit, mit allem, was da kommen mag, umzugehen. Es ist gefährlich zu denken, dass wir schon mal beim übernächsten Schritt weitermachen, denn wir verpassen ziemlich sicher den nächsten und gehen dann lädiert daraus hervor. Achten Sie nur heute einmal darauf, ob Sie zuhören oder in Gedanken schon wieder weiter sind, über etwas anderes oder die Antwort nachdenken. Ich bin mir sicher, es wird Sie überraschen.«

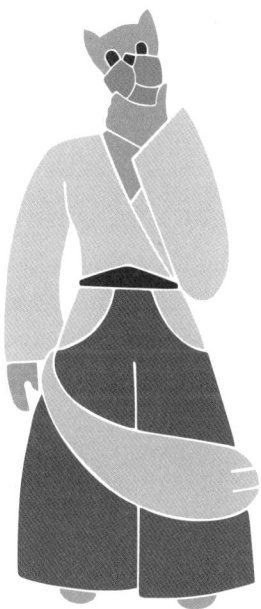

Bezeichnet wird dieser Teil der Kommunikation als »aktives Zuhören« nach Gordon.[53] Gemeint sind damit das Paraphrasieren des Gehörten und das Verbalisieren des vermuteten Inhalts, mit anderen Worten, ich

---

53 Thomas Gordon (1996): Familienkonferenz. Heyne.

signalisiere meinem Gegenüber mit eigenen Worten, ob ich das Gehörte sinngemäß verstanden habe. Ziel ist es dabei herauszufinden, ob ich das Gesagte richtig verstanden beziehungsweise richtig interpretiert habe. Außerdem verlangsamt sich dadurch die Kommunikation und verschafft wiederum Raum zu weiterem Nachdenken.

Die Absicht einer solchen reflektierten Kommunikation – die bei dem Wissen um die vier Aspekte beginnt, mit »In-sich-Hineinhören« weitergeht und beim aktiven Zuhören nicht endet – ist es, in einen Dialog zu kommen.

Kommunikation im Sinne der *authentischen Organisation* findet in einem Dialog statt, der von Zuhören, Verstehen und konstruktiven Beiträgen geprägt ist. Das ist schnell gesagt, respektive geschrieben, doch wie kann das tatsächlich so aufbauend ablaufen? Im Sinne von David Bohm, an dessen Verständnis vom Dialog[54] wir uns hier orientieren, bedeutet Dialog »gemeinsam an etwas arbeiten«. Das passt gut zur Haltung des Aikido. »In einem Dialog versuchen also die Gesprächsteilnehmer nicht, einander gewisse Ideen oder Informationen mitzuteilen, die ihnen bereits bekannt sind. Vielmehr könnte man sagen, dass die beiden etwas gemeinsam machen, das heißt, dass sie zusammen etwas Neues schaffen.«[55]

Im Blickfeld steht eine gemeinsame Aufgabe, bei der keiner gewinnen oder verlieren kann, sondern die man »einfach« als die Aufgabe betrachtet, die bearbeitet wird. Es geht darum, eine neue Lösung zu finden. Die Haltung dazu ist die Überzeugung, dass das, was mein Gegenüber sagt, etwas zu dieser Bearbeitung beiträgt. Die Voraussetzung ist die Annahme, dass jede:r im Team genau wie ich selbst einen guten Blick auf die Sache hat. Es wird also nicht verurteilt, abgegrenzt und verteidigt, sondern integriert, abgewogen und wertgeschätzt. So entsteht eine Atmosphäre, in der neue Lösungen entwickelt werden können. »Gemeinsam denken« ist das Motto.

---

54 A. a. O. Bei der Beschreibung des Dialogs richten wir uns aus an David Bohm. Er suchte nach neuen Räumen und Denkweisen, die durch einen wirklichen Dialog nachhaltige Veränderungen möglich machen.

55 A. a. O, S. 27.

Diese Atmosphäre entsteht, wenn die Teilnehmer:innen eines solchen Dialogs aufrichtiges Interesse aneinander haben, wenn sie wirklich wissen wollen, was das Gegenüber zu sagen hat, und immer die Möglichkeit einbeziehen, dass dessen Sichtweise die eigenen Annahmen und Einschätzungen zu der jeweiligen Situation konstruktiv ergänzt.

Der Geist des Dialogs nach Bohm entsteht durch aufmerksames Wahrnehmen dessen, was ist, ernsthaftes Zuhören und bewusstes Sprechen. Es »hat etwas von gemeinschaftlichem Teilhaben, bei dem wir nicht gegeneinander spielen, sondern miteinander. In einem Dialog gewinnen alle.«[56]

Dingo: »Der Aikidoka ist so vollkommen auf sein Gegenüber eingestellt, dass er ihm immer den Bruchteil einer Sekunde voraus ist. Im Training schärft er seine Fähigkeit, den Beginn des Angriffs bereits wahrzunehmen, bevor er erfolgt. Das erfordert vor allem, die Scheuklappen des eigenen Egos aus dem Weg zu räumen.«

56 Vergleiche a. a. O., S. 34.

Diese Wahrnehmung geht über die inhaltliche und fachliche Vorbereitung eines Termins hinaus und bezieht Raum und Zeit, die Menschen und nicht zuletzt die eigene Verfassung mit ein. Bin ich präsent, steht etwas meiner Präsenz im Wege? Bin ich in der Lage, der Situation gerecht zu werden? Wie ist die Stimmung, die Motivation der Teilnehmenden? Sich vor dem nächsten Meeting zusätzlich mit diesen Fragen vorzubereiten, kann deutliche Veränderungen hervorrufen. Probieren Sie es einfach einmal aus, vor allem wenn Sie dem skeptisch gegenüberstehen.

Voraussetzung für wirkliches Zuhören ist die Gelassenheit, dem Gesagten einen inneren und äußeren Raum zu geben und nicht schon gleich die Gegenrede im Kopf zu formulieren. Wer bringt die Geduld auf nachzufragen, anstatt zu glauben, seine eigenen Gedanken zum Thema seien ausreichend? Wie oft denken wir, dass jeder weitere Satz Zeitverschwendung ist, überflüssig, weil der oder die andere »es ja eh nicht versteht oder nicht verstehen will«?

Vielleicht betrachten wir das Zuhören einmal von einer zweiten Seite: von Ihrer eigenen! Ja, genau, hören Sie sich selbst ebenso aufmerksam zu, und lauschen Sie Ihrem inneren Dialog. Gehen Sie sich quasi selbst auf den Grund. Dahin, wo Ihr innerer Schweinehund Gehör einfordert und Ihr Pausenbedürfnis vorsichtig den Finger hebt. Dann bekommen Sie mit, wenn Ihre Energie nach und nach schwindet, Sie unkonzentriert oder müde werden, und gehen nicht mehr einfach darüber hinweg. Zugegeben, es ist vielleicht nicht immer möglich, dem nachzugeben – vor allem nicht der Sache mit der Müdigkeit … Allerdings versetzt Sie schon die Wahrnehmung dessen allein in die Lage, hier angepasst entscheidend zu handeln.

Dingo: »Ja, ja, ja, ja, zugegeben: Es ist schon ein provokanter Gedanke. Wenn doch eine Sitzung langweilig und augenscheinlich nutzlos ist …, also dann ist es doch wohl besser investierte Zeit, ein Schläfchen zu halten.«

Wirkliches Zuhören – sich selbst und anderen – ist also keineswegs ein passiver Vorgang. Es ist ein aktiver Prozess, der höchste Konzentration und Aufmerksamkeit verlangt. Es geht darum, wirklich wissen zu wollen, was der andere zu sagen hat.

Dingo: »Ein Zuhören auf diesem Niveau kann ganz schön anstrengend sein. Viele halten es ja kaum aus, auch nur fünf Minuten mal nichts zu sagen und nur zuzuhören. Aber wie so oft trifft auch hier zu: Übung macht den Meister.«

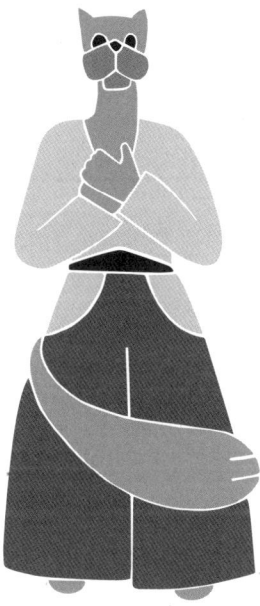

Ein bewusstes und überlegtes Sprechen setzt übrigens zweierlei voraus: Sie erachten Ihre Gedanken erstens als wichtigen Beitrag zum Thema, die es zweitens wert sind, von anderen angehört zu werden. Das bedingt einen aktiven Prozess, in welchem die Entscheidung getroffen wird: »Ja, der vorzutragende Gedanke ist weiterführend und trägt zum gemeinsamen Denken bei.« Oder aber: »Nein – so wichtig scheint es doch nicht. Ich höre lieber noch den anderen zu.«

Wer so miteinander ins Gespräch, in den Dialog kommt, wird mit Sicherheit feststellen, dass die Geschwindigkeit des Gesprächs ab- und die

Qualität zunimmt. Es gibt also einen Kausalzusammenhang zwischen der Gesprächsgeschwindigkeit, seiner Qualität sowie der Atmosphäre. Gegenargumente, dass für diese Entschleunigung einfach die Zeit fehle, entkräften sich dadurch von allein. Teams kommen entspannter und – tatsächlich – schneller zu neuen Ergebnissen. Sich in dieser Form des Dialogs zu üben hat den Vorteil, dass das Team an einem Strang zieht und das Miteinander keine Wunschvorstellung mehr ist.

PRAKTISCHER IMPULS

Stellen Sie sich einmal vor: Der Kollege, der immer sofort in die Gegenposition geht, hält inne, antwortet nicht sofort. Und er spricht dann erst einmal über Ihren Beitrag. Was ändert sich dadurch?

Nehmen Sie sich heute drei Minuten Zeit, einmal einem Mitarbeitenden nur zuzuhören. Wenn es Ihnen gefällt, können Sie auch die Zeit oder die Anzahl der Mitarbeitenden steigern.

Fehlerkultur

Über die große Erfindung von Thomas Alva Edison gibt es eine Geschichte: Edison hatte die Idee, wahrscheinlich sogar die Überzeugung, dass es einen Werkstoff geben müsse, der nicht sofort verglüht und die Grundlage der Glühlampe werden kann. So startete er verschiedene Versuchsreihen, die alle scheiterten. Dazu soll es folgenden Dialog gegeben haben. Ein Freund habe gesagt: »Thomas, nun hast du schon 247 Versuche hinter dir, und es funktioniert nicht. Es ist nun an der Zeit, dass du dir eingestehst, dass es einfach nicht geht.« »Nun«, habe Edison darauf geantwortet, »ganz so ist es nicht. Ich kenne nun schon 247 Varianten mit unterschiedlichsten Materialien, bei denen es nicht klappt – und jede bringt mich einen Schritt näher an die, die funktioniert.« – Das Ergebnis kennen wir alle: die Erfindung einer Glühlampe mit bis zu 1.000 Stunden Brenndauer. Über Edison gibt es sicherlich noch viel mehr zu erzählen, aber diese eine Geschichte soll uns hier als Beispiel dienen.

Es fiel Edison leicht, Fehler und Scheitern als Teil seines Alltags zu begreifen. In seiner Überzeugung ging er gar noch weiter, indem er das Scheitern als positiv betrachtete. Seine Haltung versetzte ihn in die Lage, sich nicht über die Misserfolge zu ärgern, sondern sich darüber zu freuen. Und wir stellen uns vor, dass er es wirklich so gefühlt hat. Tatsächlich hat er sich also nicht über Misserfolge geärgert – auch nicht unterschwellig oder heimlich. Jeder Fehler war für ihn ein Schritt in Richtung Erfolg. Können Sie sich das vorstellen? Sich über Fehler freuen? »Ups, so geht's also auch nicht. Na gut, dann weiß ich jetzt schon wieder mehr.« So mag Edison wohl gedacht und gefühlt haben. Da soll es hingehen.[57]

---

57 Es ist zwar immer noch nicht gängige Praxis, Misserfolge als Lernerlebnisse wertzuschätzen, aber tatsächlich gibt es in Wissenschaft und Forschung Institutionen, die »ergebnislose« Forschung publizieren, um vorwarnend zu zeigen, dass diese Fragestellung zu keinem Ergebnis führt – zum Beispiel als eine der Ersten das *Journal of Unsolved Questions (JUnQ)* der Universität Mainz seit 2011.

Doch jetzt erst einmal eine Begriffsklärung und eine Abgrenzung, um sich dem Thema weiter zu nähern. Fehlerkultur meint die Art und Weise, wie eine Person, eine Organisation oder eine ganze Gesellschaft mit Fehlern und deren Folgen umgeht. Dieser Begriff ist nicht zu verwechseln mit dem Begriff der »Fehlertoleranz«. Dieser beschreibt, dass ein System trotz oder auch mit Fehlern weiter korrekt funktioniert und funktionieren muss. In vielen Fällen gibt es für die Fehlertoleranz keinen Spielraum. Eine Ampel muss zu 100 Prozent funktionieren. Schon 0,5 Prozent falsche Schaltungen führen zu erheblichen Schäden und schlimmen Unfällen. Das Bestreben, keine Fehler zu machen, ist also je nach Thema und Aufgabe bestimmend und ein gesetztes Ziel. Tatsache ist aber auch, dass es nicht immer wie gewünscht läuft und Fehler eben passieren, trotz aller Bemühungen, sie zu vermeiden. Sei es, weil Erfahrung oder Konzentration fehlen, das Interesse nicht da ist oder eine Verkettung unglücklicher Umstände zu dem Fehler führen.

Es gibt nach diesen Überlegungen also zwei Arten von Fehlern: solche, die unbedingt zu vermeiden sind, und »andere«, die zu begrüßen sind, weil sie zu Veränderungen und Innovationen führen. Beiden gemeinsam ist, dass sie ein System oder Projekt weiterbringen. Wie sagt der Volksmund: »Aus Fehlern wird man klug«, was nichts anderes bedeutet, als dass jeder Fehler wahrgenommen werden muss, denn er könnte Folgen haben. Bei Fehlern, die zu vermeiden gewesen wären, bedarf es der Analyse und Ursachenforschung mit dem Ziel, dass sie nicht wieder auftreten. Bei anderen Fehlern kann es angebracht sein zu fragen, ob eine Analyse wirklich neue Erkenntnisse bringen würde oder ob »Abhaken und weitermachen« die bessere Alternative wäre.

In jedem Fall ist die entscheidende Frage: Wie gehen Sie, geht eine Organisation mit einem Fehler um? Es ist leicht gesagt: »Fehler-Machen gehört dazu, das ist doch selbstverständlich.« Ein Blick in unsere Erziehung und unsere Entwicklung macht klar, so selbstverständlich ist es dann doch nicht. Als Kinder werden wir dafür gelobt, wenn wir etwas richtig gemacht haben, wenn etwas gelungen ist. Gelingt etwas nicht auf Anhieb, wird im besten Fall das Kind motiviert, es noch einmal zu versuchen, weil es das doch besser könne. An Bemerkungen wie »Das war doch klar, dass es nicht geht …« bei unseren Anstrengungen, etwas zu erreichen, »was eh nicht geht …«, können wir uns sicherlich alle erinnern. Zudem wird Scheitern oft moralisch verurteilt – »selber schuld« – und nicht selten auch dazu benutzt, sich selbst besser zu fühlen. »Siehste, mir ist das nicht passiert, denn ich habe ja nichts falsch gemacht.« Wer das verinnerlicht, wächst in einer Haltung heran, die Fehler um jeden Preis vermeiden will.

Je kleiner Kinder sind, desto unbeschwerter gehen sie mit Misserfolgen um. Vor ein paar Jahren war im Garten gegenüber eine Szene zu beobachten, die das verdeutlicht: Nachbars Sohn Paul versucht, auf einem Laufrad voranzukommen. Er war gerade zwei Jahre alt und hatte einen älteren Bruder, der schon mit einem »richtigen« Fahrrad fahren konnte. Ihm wollte Paul offensichtlich nacheifern. Er kam aber mit den Füßen noch nicht ganz auf den Boden, kippte ständig um und … stieg immer wieder auf. Hilfe lehnte er vehement ab. »Alleine mache«, rief er und probierte es immer wieder, bis es klappte. Er jammerte nicht, beschwerte sich nicht. Er fiel hin, stand wieder auf und versuchte es noch einmal. Er wollte es einfach schaffen. Sich über die vergeblichen Versuche zu ärgern passte nicht in sein Konzept. Kinder können das bis circa zum neunten Lebensjahr; spätestens in dem Alter haben Erwachsene sie so weit erzogen, dass sie sich schämen oder ärgern, wenn etwas nicht gelingt. Dann haben sie zweierlei gelernt: a) »Ich darf keine Fehler machen« und b) »Es ist schlimm und zu verurteilen, wenn andere Fehler machen.«

Und das sitzt tief, sehr tief. Auch wenn wir in unserem beruflichen Kontext, als Teammitglied oder in der Rolle als Vorgesetzter verstanden haben, dass Fehler passieren werden – können wir das wirklich fühlen, so wie Edison oder wie der kleine Paul? Wahrscheinlich nicht. Es braucht mehr dazu als das Wissen darum, dass diese früh gelernten und verinnerlichten Glaubenssätze wirklich verändert werden können. Vor allem in den Bereichen, wo Fehler mit erheblichen Folgen möglich sind.

Allerdings beginnt diese Veränderung bereits beim Wissen um das Fehlermachen, das Scheitern und Versagen. Bei Edison haben wir gesehen: Die Misserfolge waren für ihn die Voraussetzung für seinen Erfolg. Wer

Fehler vermeiden will, wird jedoch immer nur das tun, was er oder sie perfekt beherrscht, das Risiko scheuen und einfach nichts Weitergehendes versuchen. Ohne zu wissen, was nicht geht, finden wir aber nicht heraus, was geht, wird Erfolg verhindert.

In der Menschheitsgeschichte wimmelt es nur so von Berichten über Fehler und Versagen – aber auch von solchen über Menschen, die sich darüber hinwegsetzten, Häme und Spott ertrugen, übler Nachrede trotzten und am Ende erfolgreich waren.

Edisons Beispiel ist nur eines davon, die Veröffentlichung von *Pippi Langstrumpf* ein anderes. *Pippi* wurde bei der ersten Anfrage nicht veröffentlicht und, als sich ein Verlag gefunden hatte, von der Kritik zerrissen: So eine Göre, die tun und lassen kann, was sie will! Auch die Sprache sei gewöhnlich und überhaupt das ganze Buch entmutigend. Weder Verlag noch Astrid Lindgren ließen sich davon abhalten, und das Buch wurde ein Welterfolg und Klassiker der Kinderliteratur.

Wir könnten weitere Beispiele anführen, wollen aber doch den Blick auf das richten, was daran zu erkennen ist: *Jeder* neue Versuch kann scheitern. *Jeder* neue Versuch ist aber gleichzeitig die Chance auf Erfolg, darauf, dass sich etwas nach unseren Wünschen und Vorstellungen bewegt. Das heißt im Klartext: Ohne Ausprobieren gibt es keine Veränderung, kommt keine neue Idee in die Welt.

Beide Wahrscheinlichkeiten bestehen also immer gleichzeitig: Versuche können scheitern oder gelingen, weil im Vorfeld eben nicht klar ist, was passieren wird. Genauso wie Systeme und Programme ausfallen, Fehler auftreten können und keiner damit gerechnet hat, keiner damit rechnen konnte. Es ist also immer beides gleichzeitig da – die Möglichkeit des Erfolgs und die Möglichkeit des Scheiterns. Das eine ist ohne das andere nicht zu haben.

Fehler sind also eine Form von erfahrungsbasiertem Lernen. Wer Fehler vermeidet, geht zwar kein Risiko, kein Wagnis ein und begibt sich nie auf unbekanntes Gebiet und stellt bestenfalls noch fest: Es passiert nichts … gar nichts. Weder im Privat- noch im Berufsleben. Wäre das eine Wunschvorstellung?

Wäre es nicht so, dass Menschen immer wieder etwas ausprobiert und Neues versucht hätten, dabei sang- und klanglos scheiterten, wieder aufstanden und weitergemacht hätten, dann würden wir heute noch in Höhlen leben, hätten wir wahrscheinlich noch nicht mal gelernt, Feuer zu machen.

Dingo: »Ja, ja, aus Schaden wird man klug, sagt der Volksmund. Ich finde ja, das heißt auf keinen Fall, dass ich es beim nächsten Mal lasse, sondern dass ich beim nächsten Versuch schon schlauer bin als beim ersten. Ich werde aus Schaden klüger, nicht untätig – wenn Sie wissen, was ich meine!«

Natürlich ist es notwendig, sich Risiken bewusst zu machen, nicht leichtsinnig damit herumzuspielen oder sie leichtfertig in Kauf zu nehmen. Es gilt aber auch, sich selbst und – als Folge davon – auch die Mitarbeitenden vor lauter Bedenken und negativer Kritik nicht in den Startlöchern zu stoppen oder mit Zaudern aufzuhalten, was oft dazu führt, dass am Ende gar keine Handlung stattfindet. Wir wissen, welchen Schaden diese sogenannten ewigen Bedenkenträger in allen öffentlichen und privaten Bereichen anrichten. Mitarbeitende, die sich etwas getraut haben, die einmal etwas anders gemacht haben und dafür kritisiert oder gar heruntergeputzt wurden – sie ziehen sich zurück, machen Dienst nach Vorschrift, gehen in die innere Kündigung oder verlassen das Unternehmen. Vielleicht fangen sie auch an, sich andernorts zu beschweren und so ihren Unmut kundzutun. In jedem Fall werden sie das Unternehmen Zeit, Energie oder Geld kosten.

Da Fehler, wie dargelegt, oft nicht vermeidbar sind, liegt die Lösung dazu wieder einmal in der Haltung zu dieser Problematik. Nicht das Verhindern von Fehlern ist das Ziel, sondern der angemessene Umgang damit. Das Lernfeld zu erkennen, das sich darin eröffnet, macht die konstruktive Sicht möglich. Es geht also um eine andere Ausgangsfrage; nicht: »Was können wir tun, um keine Fehler zu machen?« oder »Wer hat Schuld«, sondern: »Wie gehen wir damit um, wenn Fehler passieren? Was können wir daraus lernen?«

Diese Fragen ermöglichen ein anderes Handeln. Mitarbeitende, die sich darauf verlassen können, dass ihr Fehler in einem Lernfeld betrachtet wird, werden viel wahrscheinlicher offen und konstruktiv mit dem Fehler umgehen, ihn jedenfalls nicht zu vertuschen versuchen. Sicher zu sein, dass ihnen nicht mit Häme oder Verurteilung – wie in der Kindheit gelernt – begegnet wird und auch nicht mit Macht und Verurteilung – wie aus hierarchischen Systemen bekannt – und auch nicht mit Willkür und verbalen Angriffen – wie von überforderten Chefs oft erlebt –, dies macht den offenen Umgang erst möglich.

Dingo: »Für uns Dingos können Fehler lebensgefährlich sein, das sagte ich ja schon. Wir können sie auch nicht verstecken, aber für euch Menschen sind Fehler selten existenziell. Warum sie also verstecken? Wir Dingos helfen uns gegenseitig, wenn es brenzlig wird. Fragt doch lieber mal nach, was man hätte besser machen können.«

In einer *authentischen Organisation* sind die Mitarbeitenden und die Entscheider:innen gleichermaßen sicher, was nach einem Fehler passieren wird. Es ist immer möglich, darüber zu sprechen, es gehört zum Alltag, eine konstruktive Lösung zu finden, und es ist selbstverständlich, offen damit umzugehen. Jeder kann auf Kolleg:innen setzen, die unterstützend tätig werden.

Es beginnt mit der Entscheidung, sich selbst besser kennenzulernen. Zu wissen, welche Glaubenssätze habe ich in Bezug auf »Fehler machen« und Scheitern, und von welchen werde ich mich verabschieden, und wie kann ich sie ersetzen. Eine authentische Organisation schickt ihre Führungskräfte auf den Weg, ihre Einstellung zu Fehlern zu erkunden, und öffnet die Räume dafür, anders mit sich und anderen umzugehen.

PRAKTISCHER IMPULS

Erinnern Sie sich an einen Fehler, der in letzter Zeit in Ihrem Team oder einem Mitarbeitenden passiert ist. Wie sind Sie damit umgegangen? Sind Sie zufrieden damit?

Erinnern Sie sich an einen Fehler, der Ihnen selbst unterlaufen ist. Wie sind Sie damit umgegangen? Sind Sie zufrieden damit?

Unterschiedlichkeit zulassen

Jeder Mensch ist einzigartig und ein Individuum. Der rheinische Volksmund fasst das unter »Jede Jeck is anders« ganz schlicht zusammen. Warum eine solche Selbstverständlichkeit aber nun ein Kapitel in diesem Buch wert ist, durften Sie sich nicht zu Unrecht fragen.

Dass ein jeder anders ist, davon sind wir völlig überzeugt. Gleichzeitig fällt es uns schwer, mit Andersartigkeit umzugehen. Wir erlauben uns Ansichten über Nachbars Garten oder verurteilen den Kollegen, der die Arbeit partout nicht so erledigt, wie »es doch völlig klar auf der Hand liegt«; den Chef, der nicht so entscheidet, wie es unserer Meinung nach der Situation angemessen wäre, ebenso wie Migranten, die anders lebten, oder kompromisslose Naturschützer, deren Proteste zwar richtig seien, aber doch, bitte schön, woanders Ausdruck finden sollten. Ständig regt sich in uns innerer und äußerer Widerstand gegen Menschen, die nicht so sind, wie wir es für richtig halten: entweder passiv, so etwa durch Kontaktverweigerung beziehungsweise -vermeidung (»Mit denen will ich nichts zu tun haben …«) – oder aktiv mit offenem Streit.

Solange wir das Fremde, das Andere im ferneren Außen wahrnehmen, empfinden wir es als spannend und interessant. Sobald es uns aber zu nahe kommt, uns also persönlich betrifft, sehen wir das doch wesentlich kritischer und empfinden es als bedrohlich. Eine Erklärung dafür ist, das Fremde könne uns selbst, unsere Vorgehensweisen, unsere Eigenheiten infrage stellen. In diesem Moment schalten wir auf Verteidigung um. Solche Situationen kennen Sie sicherlich auch: Es ist im Grunde gar nichts passiert, jedoch eine langjährige Kollegin schießt plötzlich in unverständlicher Weise gegen »die Neue«. Sie kritisiert, verurteilt und redet schlecht über sie. Sie empfindet jene einfach als Bedrohung: für ihre Arbeit, ihre Arbeitsgewohnheiten und fürchtet, selbst infrage gestellt und vielleicht noch zu Änderungen gezwungen zu werden. Die Sätze, die dann fallen, kennen Sie: »Das haben wir schon immer so gemacht.«

Oder: »Das haben wir auch alles schon ausprobiert. Klappt sowieso nicht.«

Solche Situationen sind nicht schön, sie kosten Kraft und behindern die alltägliche Arbeit. Das läuft verständlicherweise dem Wunsch nach einem friedvollen Miteinander zuwider. Die Dinge funktionieren doch am besten, wenn alle so handeln, »wie es richtig ist«. Genau! Aber jetzt haben wir ein Problem! Was ist denn nun »richtig«? Was ist »falsch«? Welcher Kleidungsstil, welche Musikrichtung, welche Einrichtung ist richtig und welche falsch? Im Job: Welche Art, die Präsentation vorzubereiten, die Listen für die Buchhaltung anzulegen oder den Schreibtisch einzuräumen, sollte als die richtige betrachtet werden? Wer will, wer soll das entscheiden? Es wäre nur allzu menschlich, wenn Sie jetzt dächten: »Ich, ich weiß genau, was richtig ist.« Der Punkt ist nur: Jeder weiß genau, was richtig ist, und denkt folglich, *er* habe recht beziehungsweise *seine* Art, die Dinge zu handhaben, sei richtig. So kommen wir also nicht weiter.

Dingo: »Schreiben Sie sich mal eine 6 auf einen Zettel. Welche Zahl sehen Sie? Welche Ihr Gegenüber? Genau: eine 9. Welche Sichtweise ist nun die richtige? Die der 6 oder die der 9? Tatsache ist, dass, wie in diesem Fall, beides wahr sein kann.

Deshalb ist *Tenkan,* also die 180-Grad-Drehung, so wichtig. Dann sehen wir die Welt aus der Perspektive von *Uke,* des Angreifers, und stellen fest, dass *Uke* ebenfalls das Richtige, das heißt die Wahrheit, sagt.

Wenn wir die gleiche Sicht wie *Uke* einnehmen, eröffnet sich eine neue Möglichkeit, weil wir etwas sehen und somit verstehen können, was uns vorher verborgen geblieben war. Und: Wir stehen nicht mehr in der direkten Angriffslinie.

Ich sehe, wie sich Ihre Schultern jetzt senken und Sie entspannter ausatmen bei dem Gedanken: Ach so, stimmt ja, die 6 ist ja tatsächlich da und die 9 auch.

Manchmal sind wir beschämt, dass wir diese Möglichkeit nicht gleich mitgedacht haben. Es ist nur allzu menschlich, nicht immer alle Varianten zu sehen, jedoch verharren Sie nicht dabei; die Welt dreht sich nämlich unaufhörlich weiter. *Uke* könnte, während Sie noch kritisch mit sich selbst befasst sind, zu einem neuen Angriff ansetzen, denn Ihre Gedanken sind nicht sichtbar! Also füllen Sie Ihre Rolle als *Nage*: dranbleiben, weitermachen, gestalten!«

Um diesen Schwierigkeiten mit dem Anderssein zu entkommen, neigen wir dazu, mit Menschen zusammenzuarbeiten, die uns ähnlich sind. Das macht vieles leichter und den Alltag friedlicher, so ist jedenfalls die Annahme: »Wir streiten uns nie, alles läuft wie am Schnürchen.« »Sie entscheidet immer so, wie ich es auch gemacht hätte.« Konflikte können kaum entstehen oder bleiben unter dem sprichwörtlichen »Teppich«, unter den wir sie gekehrt haben,[58] und so dürfen wir uns weiterhin in unserer Komfortzone wohlfühlen.

---

58 Dazu mehr im Kapitel »Konfliktfähigkeit«.

Unterschiedlichkeit zulassen

Bei genauerem Hinsehen zeigt sich allerdings, dass Teams, die sich Harmonie verordnet haben und Konflikten aus dem Weg gehen, wenig Weiterentwicklungsenergie freisetzen. Sie sind weder aus sich heraus innovativ noch veränderungsfreudig. Sie beschränken sich stattdessen darauf, den Status quo beizubehalten. Kolleg:innen, die ausscheren und Neuerungen einführen wollen, erfahren Mobbing oder werden zumindest auf Abstand gehalten. Das eingespielte bestehende Team unterminiert den Veränderungsprozess und wertet die Neuerung herab durch mehr oder minder offensichtlichen Boykott.

Abwertung und Ausgrenzung gibt es im Kleinen wie im Großen. Sie richtet sich gegen Individuen oder Gruppen. Immer ist eine Bewertung im Spiel, die als richtig und wahr vorausgesetzt wird. Es kann um Rollenverhalten gehen oder um Ideologien. Stets hat die Abwertung aber nur einen Grund: Sie dient der eigenen Aufwertung. Ein Team versucht beispielsweise die eigene Leistung mit der Abwertung der neuen Kollegin aufzuwerten, indem es alles anführt, was sich an Kritik finden lässt, um Argumente gegen das Projekt zu sammeln. Im Grunde ist das ein Reflex, der aus Selbstschutz heraus passiert. Und nur wenn dieser Reflexmechanismus ausbleibt, kann die innovationsfreudige Kollegin agieren, jetzt ohne Herablassung zu erfahren. Dann eröffnet sich auch der Raum, sie als bereichernd wahrzunehmen, als wichtiges Mitglied des Teams und nicht als Störfaktor.

Eine andere Blickrichtung auf Kolleg:innen, die »immer mit neuen Ideen kommen«, muss eingeschlagen werden, denn diese sogenannten Störungen sind ja der Startpunkt für Innovationen. Sie sind geradezu Garant dafür, dass Veränderung möglich wird. Teams, die sich nicht kritisch auseinandersetzen und stagnieren, sind tatsächlich weniger zukunftsfähig.

Wir sehen also, es ist unerlässlich, über das Verstehen der Tatsache hinauszukommen, es reicht nicht, nur zu verstehen, dass Menschen unterschiedlich sind – es erfordert ehrliche Akzeptanz, mit anderen Worten: Kolleg:innen, die »stören«, bewusst aufzuspüren, um ihre Veränderungsenergie aufzunehmen und zu begrüßen, ist ein voranbringendes Ziel für eingefahrene Teams.

Psychologen und Unternehmensberatungen haben dazu unterschiedlichste Ansätze entwickelt, bei denen man beispielsweise die Teammitglieder in Rollen, Farben, Nummern, Eigenschaften einteilte. Alles mit der gleichen Botschaft: Ein Team, das vorankommen will, braucht unterschiedliche Menschen.

Es ist aber durchaus eine Herausforderung, diese Unterschiedlichkeit auszuhalten, denn sie bereitet Schmerzen. Es tut weh zu sehen, dass eine Kollegin neue Vorgehensweisen einführt und die eigene Arbeit plötzlich blass aussieht, dass Routinen auf den Kopf gestellt werden, dass man selbst Einsatz bringen muss, um den Anschluss nicht zu verlieren, und so weiter.

Dingo: »Urteile verstellen die Sicht und verhindern kreative Lösungen, weil sie trennen und schon wieder den echten Kontakt verhindern. Haben Sie sich schon mal dabei erwischt, neue, andere Lösungen von vornherein abzulehnen? Lügen Sie sich jetzt mal nicht in die Tasche, und versuchen Sie schon gar nicht, mir hier was vorzumachen!«

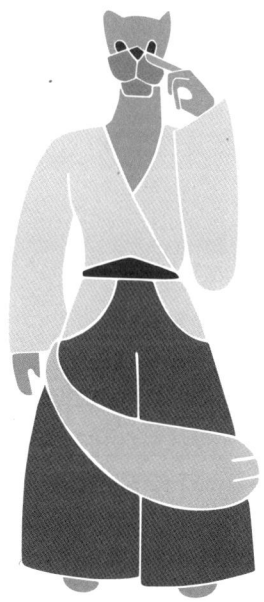

Unterschiedlichkeit zulassen

Und immer wieder versuchen wir, diese Unannehmlichkeiten zu vermeiden. Es nützt aber nichts. Weil niemals alle gleich denken und handeln – oder wollen Sie sich wirklich vorstellen, dass alle genauso agieren wie Sie selbst? –, wird es immer Reibung geben, immer Auseinandersetzung. Die Frage ist also nicht: »Wie finden wir ein Team, das immer in perfekter Harmonie zusammenarbeitet?«, sondern: »Wie finden wir einen Weg, den drohenden Reibungsverlust in positive Reibungsenergie umzuwandeln?«

Dieser Weg führt über die Auseinandersetzung mit unserem eigenen Selbstwertgefühl und ist sogar untrennbar damit verbunden. Sie merken es schon, es geht jetzt ans »Eingemachte«. Wie sehr vertrauen Sie Ihrem eigenen Fachwissen, Ihren beruflichen Beziehungen, Ihrer Führungsstärke? Für wie sicher halten Sie Ihren Arbeitsplatz und – damit verbunden – Ihre Existenzgrundlage? Wie bewerten Sie Ihre eigenen Beiträge zum Unternehmenserfolg?

Dingo: »Irgendwann im Leben müssen wir lernen zu akzeptieren, was ist und wer wir sind. Er hat schon recht, O-Sensei, der große Meister: Der wahre Sieg ist der Sieg über das Selbst!

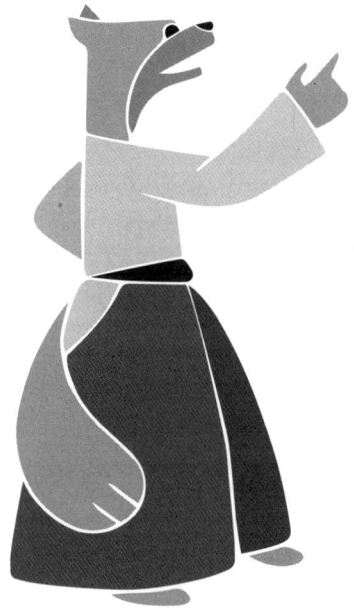

Die Abwertung einer Kollegin ist also Ausdruck von Selbstzweifeln, die den Selbstschutz auf Kosten der Erneuerung in den Vordergrund stellen. Auch wenn Führungskräfte oder Teams die Abwertung nicht publik machen, sondern sie als inneren Dialog stattfinden lassen, beeinträchtigt sie das Ergebnis negativ und setzt keine positive Reibungsenergie frei.

Der Umkehrschluss funktioniert jedoch perfekt: Menschen, die sich selbst vertrauen, in sich ruhen und ein gutes Gefühl für ihre Stärken und ihre Schwächen haben, können ohne Angst und ohne Abwertung akzeptieren und bestenfalls fördern, dass andere Fähigkeiten anzubieten haben, die sie selbst nicht besitzen. Das setzt kreative Energie frei und schafft Raum für andere Lösungen.

Voraussetzung ist also ein sicheres Selbstwertgefühl. Wer weiß, was er kann und was er nicht kann, der kann Vorschläge, Vorgehensweisen und Wesensarten anderer annehmen und wertschätzen.

PRAKTISCHER IMPULS

Setzen Sie sich auf einen Stuhl, atmen Sie, bis Ihr Atem ruhig und gleichmäßig geht. Machen Sie eine Bestandsaufnahme, und fühlen Sie sich ruhig in die angesprochenen Körperteile hinein: Was haben diese Hände schon geschaffen? Was hat mein Körper schon alles für mich getan? Wie viele Meilen haben diese Füße schon hinter mich gebracht? Was im Leben wärmt mir das Herz? Worauf schaue ich mit Stolz zurück? Wer hat mir geholfen? Wem verdanke ich was? Wer ist die Person, die hier sitzt?

Wie fühlen Sie sich jetzt? Was ist mit der Kollegin, die nervt? Mit dem Bereichsleiter, der sich immer wichtigtut?

Zeit gestalten

Es gibt Zeiten, in denen es wichtig ist, sich Zeit zu nehmen, um sie gestalten zu können! »Wie bitte? Klingt das nicht irgendwie widersprüchlich?«, mögen Sie jetzt einwenden. Vertrauen Sie Seneca, der hat das schon vor 2.000 Jahren formuliert.

Brief an Lucilius

Folge meinem Rat, mein Lucilius. Widme dich dir selbst, halte deine Zeit zusammen und hüte sie. Du hast sie dir bisher entweder geradezu wegnehmen oder heimlich entwenden oder auch nur entschlüpfen lassen. Glaube mir, es ist so, wie ich schreibe. Ein Teil unserer Zeit wird uns offen geraubt, ein Teil uns heimlich entzogen und ein dritter verflüchtigt sich. Am schimpflichsten aber ist derjenige Verlust, der auf Rechnung der Nachlässigkeit kommt. Gib nur genau Acht. Der größte Teil des Lebens fließt uns dahin in verwerflicher Tätigkeit, ein großer im Nichtstun und das ganze Leben in Beschäftigung mit Dingen, die mit dem wahren Leben nichts zu schaffen haben. (…) Lasse keine Stunde ungenutzt vorübergehen. Nimm den heutigen Tag voll in Beschlag. Dann wirst du weniger von den folgenden abhängen. Mit dem Aufschieben lassen wir das Leben nur enteilen. Nichts, mein Lucilius, ist unser wahres Eigentum, außer der Zeit. Dieses flüchtige und schwer fassbare Gut ist das einzige, dessen Besitz uns die Natur vergönnt hat. (…)[59]

Unsere Zeit bewusst zu gestalten, anstatt uns lediglich der rasant steigenden Umgebungsgeschwindigkeit anzupassen, ist der Weg aus dem Dilemma von immer höheren Ansprüchen und einer natürlichen Leistungsgrenze. Dauerdrucksituationen, 24-Stunden-Präsenz und Reizüberflutung

---

59 Aus Lucius Aenneus Seneca (Autor), Christian Brückner (Sprecher), Otto Apelt (Übersetzer) (2006): Vom Glück, vom Schmerz und von der Seelenruhe. Eine Auswahl aus Senecas Schriften (Deutsch) Audio-CD, Hörbuch.

führen dazu, dass wir nicht mehr Meister unserer Zeit sind, sondern von ihr gemeistert werden.

Zwar hat die Pandemie von 2020 und 2021 zu einer gewissen Entschleunigung geführt, ob es aber danach nicht wieder im gleichen »Schweinsgalopp« weitergeht, das ist noch nicht ausgemacht. Und viel wichtiger: Selbst wenn sich ein langsameres Tempo einstellen sollte, ist es womöglich nicht Ihrer eigenen Gestaltung entsprungen, sondern ist von außen bestimmt.

Es geht also darum, die Kontrolle über Ihre Zeit, also Ihr Leben, zu erlangen, zurückzuerobern oder zu verteidigen. Den Tag voll in Beschlag zu nehmen, wie Seneca es ausdrückte. Es geht um Sie als Mensch in Beziehungen zu anderen, als Führungskraft und als Person, die ihr Leben nicht als den Ablauf von Zeit, sondern als Wirkungsraum begreift.

Sich Zeit zu nehmen für die strategische Positionierung des Unternehmens, für die Vorbereitung einer Verhandlung, für die Personalführung, für einzelne Mitarbeitende, für andere Führungskräfte, für die Familie, (nicht zuletzt) für die eigene Gesundheit, für Sport, das heißt für Beschäftigungen, die nichts mit Geldverdienen zu tun haben, sondern die der Entspannung dienen: All das sind Gestaltungsherausforderungen viel beschäftigter Personen.

Es ist wie mit dem Hasen und dem Igel. Zwar können Sie nicht, wie der Igel, Ihr Double am anderen Ende der Strecke aufstellen, aber daraus spricht doch, dass am Schicksal des Hasen hart vorbeischlittert, wer es nicht klüger anstellt, sein Ziel zu erreichen.

Der Igel hat mit List und Tücke gehandelt, wir hingegen wollen es hier mal mit Überlegung versuchen, wofür wir uns im Vergleich zu der Zeit und Lebensqualität, die wir gewinnen können, hier nur wenig Zeit nehmen müssen.

Wie auch schon an anderen Stellen in diesem Buch beginnt es mit einer Sinnfrage, und diese wird vom Ende her gedacht. Im Alltagstrott verliert sich die Tatsache, dass das Leben endlich und daher die Zeit begrenzt ist. Wer geht denn bewusst mit der Ressource Zeit um, von der wir nicht wissen, wie viel uns zur Verfügung steht? Hier geht es nicht um Metaphysik, und es ist auch nicht nötig, gleich das Ende des Lebens ins Auge zu fassen, aber mal ehrlich, auch wenn Sie einzelne Bereiche herauslösen oder in Phasen denken, bleibt doch die Frage stets die gleiche:

Worauf will ich zurückblicken? Was für ein Leben will ich gelebt haben?

Wenn Sie davon ausgehen, dass Sie in den nächsten drei Jahren ein Unternehmen leiten werden, dann liefert die Beantwortung der Frage, wie es danach aussehen soll, den Kompass für den Umgang mit dieser Zeit. Selbstverständlich gibt es einen Businessplan, den Sie erfolgreich verwirklichen wollen, aber Businesspläne haben die Eigenschaft, dass sie häufig höhere Ziele setzen, als am Ende verwirklicht werden können. Das ist keine Empfehlung, die Ziele von vornherein zu reduzieren, aber es heißt, dass Sie mit Überlegung die Schritte priorisieren, die das größte Potenzial haben, zur Erreichung der Ziele beizutragen. So weit, so gut.

Es stellt sich allerdings noch die weitere Frage danach, wie diese Umsetzung qualitativ aussehen soll. Was sind die Werte,[60] die Ihr Handeln lenken? Was sind No-Gos, wenn Sie später noch in den Spiegel schauen können wollen? Wodurch soll sich das Verhältnis zu Ihren Mitarbeitenden auszeichnen? Wie werden Sie mit Ihren Geschäftspartner:innen umgegangen sein? Wer werden Sie sein, wenn der Businessplan umgesetzt ist und Sie das Unternehmen wieder verlassen?

Dingo: »Wenn Sie diese Fragen für sich ehrlich beantworten, handeln Sie als *Nage*; wenn Sie das Nachdenken darüber für Zeitverschwendung halten und einfach losstürmen, finden Sie sich mit großer Wahrscheinlichkeit in der Rolle des Hasen wieder, also der von *Uke*. Und so ein erschöpfter Hase ist ein gefundenes Fressen für mich. Ich muss mich noch nicht einmal anstrengen, er legt sich mir gleich selbst zum Fraß vor.«

Stellt man sich diesen Fragen, dann ist es auch nicht mehr weit zu der nächstgrößeren: Wofür will ich meine Lebenszeit hergegeben haben? Dieser Frage geht das Buch *5 Dinge, die Sterbende am meisten bereuen* auf den

---

60 Siehe dazu auch das Kapitel »Wahrhaftigkeit«.

Grund.[61] Dabei tritt zutage: Es geht nicht um Geld, Macht oder Ruhm, sondern um die Qualität, mit der sie ihre Lebenszeit verbracht haben.

1. »Ich wünschte, ich hätte den Mut gehabt, mein eigenes Leben zu leben.«

2. »Ich wünschte, ich hätte nicht so viel gearbeitet.«

3. »Ich wünschte, ich hätte den Mut gehabt, meine Gefühle auszudrücken.«

4. »Ich wünschte mir, ich hätte den Kontakt zu meinen Freunden aufrechterhalten.«

5. »Ich wünschte, ich hätte mir erlaubt, glücklicher zu sein.«

61 Bronnie Ware (2015): 5 Dinge, die Sterbende am meisten bereuen. Einsichten, die Ihr Leben verändern werden. Goldmann.

Zeit gestalten

Es scheint also wirklich von Bedeutung zu sein, sich damit zu beschäftigen, welche Dinge mit dem wahren Leben zu tun haben, wie es schon Seneca vorschlägt. Auch wenn die fünf Wünsche am Ende des Lebens eher den privaten Bereich betreffen, so geben sie doch einen deutlichen Hinweis darauf, sich auch im Berufsleben zu versichern, dass die Tätigkeiten, mit denen wir heute unsere Zeit verbringen, diejenigen sind, an die wir später gern zurückdenken.

Dingo: »Immer wieder höre ich: ›... hab keine Zeit« oder »Die Zeit wurde mir genommen« oder sogar »Die haben mir die Zeit gestohlen.« Uiuiui, da sind doch tatsächlich Zeitdiebe unterwegs. Ich frage mich nur: Wo ist sie denn, die Zeit? Wenn Sie sie nicht haben, wer hat sie dann bekommen? Und was fangen die Zeitdiebe dann damit an? Muss ich Sie daran erinnern? Sie sind *Nage*, nehmen Sie es in die Hand, was mit Ihrer Zeit passiert.«

Wir sprechen heute über die Zeit, die uns fehlt, der wir hinterherhetzen, die zu knapp ist; also fast ausschließlich über die Quantität. Das ist allerdings nur *eine* Facette der Zeit. Die alten Griechen hatten zwei verschiedene Begriffe für Zeit: Chronos und Kairos. Chronos (der Vater des Zeus) meint die Zeit, die vergeht, die messbar ist: also die Zeit, mit der wir uns auseinandersetzen, die wir maximal nutzen wollen. Chronos misst und beziffert die Zeit. Kairos (der jüngste Sohn des Zeus) hingegen befasst sich mit dem richtigen Augenblick, der Gegenwart, dem richtigen Moment. Hier geht es ausschließlich um die Qualität der Zeit.

Es gibt also zwei Dimensionen der Zeit: Auf die eine, die verrinnt, haben wir keinen Einfluss. Sich also ständig über die Zeit zu beklagen, die man nicht hat, ist sinnlos, weil die Zeit Chronos einfach vergeht – tik-tak-tik-tak-tik … Auf die Gestaltung des Augenblicks hingegen haben wir einen Einfluss. Was wollen wir tun, was ist jetzt in diesem Augenblick das Richtige? Gestalten können wir also die Qualität, mit der die Zeit verrinnt. Das unterliegt unserer Entscheidung und unserem Einfluss.

Menschen, die Meister ihrer Zeit sind, gestalten die Qualität der Zeit durch ihre Haltung und ihre Handlungen. Oft sind es die Menschen, die wir bewundern, die zu Vorbildern werden, weil sie mit sich im Reinen sind, Ruhe und Kraft ausstrahlen – Eigenschaften, die Führungspersönlichkeiten auszeichnen.

PRAKTISCHER IMPULS

Welche Augenblicke haben Sie als besonders glücklich in Erinnerung? Inwieweit haben Sie sie selbst gestaltet?

Beziehungen gestalten

Beziehungen und Beziehungsaufbau im beruflichen Kontext werden oft so beschrieben, dass es um die Beeinflussung von Mitarbeitenden geht, damit sie ein bestimmtes Ziel erreichen. Führungskräfte haben ihr Team anzuregen und zu lenken, kurz, sie sollen so auf die Mitarbeitenden einwirken, dass Leistungsbereitschaft entsteht, und zwar mit Freude und hoher Identifikation. Dann gilt eine Beziehung zu Mitarbeitenden als gelungen.

Dingo: »Hoi, das riecht nach Manipulation und Trickkiste und beleidigt meine feine Nase. Da werde ich gleich misstrauisch, und mir sträubt sich das Nackenfell!«

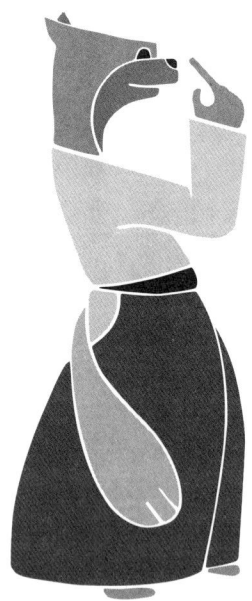

Wir beginnen das Thema »Beziehungen gestalten« mit den Begriffen »anbieten«, »zulassen« und »vertrauen«. Wir möchten aufräumen mit dem Ansinnen, Menschen könnten durch bestimmte Maßnahmen zu etwas gebracht werden. Es ist schlicht nicht möglich, Beziehungen einseitig aufzubauen, um damit etwas Bestimmtes zu erreichen.

Als Vorgesetzte:r unterbreite ich ein Beziehungsangebot. Dieses kann angenommen oder abgelehnt werden. Mit beidem habe ich umzugehen. Es ist an dieser Stelle wichtig, sich zu verdeutlichen, dass diese Entscheidung bei der Person bleibt, der ich das Beziehungsangebot mache. Mein Einfluss hat hier seine Grenze, und das ist gut und richtig so, denn nur wenn mein Gegenüber das Angebot aus freien Stücken annimmt, entsteht eine auf Gegenseitigkeit beruhende echte Beziehung. Diesen Prozess zuzulassen, ohne ihn manipulieren zu wollen, ist tatsächlich befreiend und erlaubt mehr Authentizität im Umgang miteinander.

Führen bedeutet aber auch, es nicht einfach hinzunehmen, wenn mein Gegenüber das Angebot ausschlägt. Die Frage ist daher nicht: »Wie kann ich meine Mitarbeiter:innen so beeinflussen, dass sie *mitmachen*«, sondern: »Welche Grundhaltung kann ich anbieten, sodass meine Mitarbeitenden bereit sein werden, eine auf Gegenseitigkeit beruhende Beziehung mit mir zu entwickeln oder einzugehen?«

Beziehungen gestalten ist wie Kuchenbacken. Zum einen ist es wichtig zu wissen, welchen Kuchen ich backen will, und dann brauche ich die richtigen Zutaten, die ich sorgfältig und genau zu einem Teig rühren muss. Aber dann kommt der Teig zum Backen in den Ofen. Ab hier macht der Kuchen, was er will, und nur wenn ich alles richtig gemacht habe (inklusive ihn zur rechten Zeit aus dem Ofen zu nehmen), entsteht der Kuchen, auf den ich mich freue. Er entsteht gewissermaßen aus sich heraus.

Mit der Analogie vom Kuchen, der sich selbst backt, wird im Grunde deutlich, dass Beziehungen zu gestalten auch mit Sorgfalt und Loslassen zu tun hat. Die Sorgfalt bei der Gestaltung von Beziehung beginnt bei mir selbst. Und dann kommt ein Punkt, an dem ich keinen Einfluss mehr habe und vertrauen muss, dass es gelingen wird.

Damit die Gestaltung der Beziehung gelingt, ist es notwendig anzuerkennen, was sich aus den ersten beiden Axiomen von Paul Watzlawick[62] ergibt: »Man kann nicht *nicht* kommunizieren« und »Jede Kommunikation enthält einen Inhalts- und einen Beziehungsaspekt« – nämlich dass auch *kein* aktives Beziehungsangebot eines ist. Vor allem als Führungskraft stehe ich immer in Beziehung zu meinen Mitarbeitenden, denn Chefs werden gesehen. Ständig. Jede Handlung, jede Äußerung wird wahrgenommen und beurteilt und trägt damit zur Gestaltung der Beziehung bei. Es wird oft versucht, bleibt aber im Grunde vergeblich: rein sachlich diskutieren zu wollen. »Das ist rein objektiv gemeint. Die Emotionen lassen wir da mal raus.« Das geht einfach nicht, weil es sich nicht vollständig voneinander trennen lässt. Das ist kein Makel, das ist menschlich.

Hieraus leiten wir zwei Aspekte ab, die einen hohen Stellenwert bei der Beziehungsgestaltung haben: Rollenklarheit und Beziehungskonsistenz.

Zur Rollenklarheit gehört die Reflexion der zentralen Themen »Sympathie« und »Zugehörigkeit«. Es ist ein menschliches Bedürfnis, gemocht zu werden. Und dieses Bedürfnis geht auch nicht an Ihnen vorbei, wenn Sie die Rolle einer Führungskraft innehaben. Obwohl dies oft das Erste ist, was genannt wird, wenn es um Führung geht. »Ich bin ja nicht Chef:in, um gemocht zu werden« oder etwa die viel zitierte Einsamkeit der Führungskräfte. Das menschliche Bedürfnis nach Zuspruch, Sympathie und Rückhalt macht auch vor der Chefetage nicht halt. Vorgesetzte, die nicht nur Rückendeckung geben, sondern diese auch erfahren, sind stolz darauf, solch ein Team zu haben. Gegenseitigkeit ist ein hohes Gut, das motiviert und gute Energie verbreitet.

Für die Beziehungsgestaltung bedeutet es, in jeder Situation bewusst zu handeln und sich im Klaren darüber zu sein, warum ich etwas tue, und dies auch zu kommunizieren. Das führt zur Beziehungskonsistenz. Wenn wir den Begriff benutzen, meinen wir Widerspruchsfreiheit und nicht, wie manchmal angenommen, immer das Gleiche zu tun. Im Sinne der

---

62 Paul Watzlawick (1921–2007), österreichischer Philosoph und Kommunikationswissenschaftler. Vergleiche Menschliche Kommunikation – Formen, Störungen, Paradoxien. 13., unveränderte Auflage, 2017. Bern.

authentischen Organisation meint es, situativ unterschiedlich zu handeln. Allerdings mit dem Anspruch der Nachvollziehbarkeit und der Sinnhaftigkeit von Entscheidungen oder Handlungen. Mitarbeitende, die verstehen und einen Sinn erkennen können, gehen auch unbequeme Wege mit. Natürlich nicht alle. Es wird immer Menschen geben, die sich weigern, die Widerstand leisten und eben nicht mitgehen. Zur Beziehungsgestaltung gehört es dann auch anzuerkennen, dass es so ist und es keinen Hebel gibt, dies zu ändern. Dann backt der Kuchen im Ofen und geht eben zu sehr auf oder fällt in sich zusammen. An dieser Stelle ist Reflexion gefragt, um dann beim nächsten Mal die Zutaten zu verändern. Das kann dann in der Übersetzung durchaus die Trennung vom Mitarbeitenden bedeuten.

Das Wort »Konsistenz« hat aber noch eine weitere Bedeutung, die in unserer Analogie ebenso hilfreich ist. Es beschreibt auch die Beschaffenheit eines Stoffs – in unserem Fall die des Kuchenteiges. Je nachdem, für welchen Kuchen ich mich entschieden habe, ist mal die eine – Knetteig – oder die andere – Rührteig – Beschaffenheit von Bedeutung. So ist es auch mit der Führung. Es geht nicht immer um die gesamtumfassende Beziehung im Allgemeinen, sondern im Grunde um die eine konkrete Situation in jedem Einzelfall. Diese Haltung hilft vor allem dann, wenn es um Konflikte geht.

Im Kontext der Beziehungen heißt die konkrete Situation: Begegnung. Dies beschreibt Viktor Frankl.[63] Er macht einen Unterschied zwischen Beziehung und Begegnung. Es geht ihm um den Aufbau von Begegnungskompetenz, durch die ein Beziehungsraum gestaltet wird. Der Blick richtet sich nicht mehr auf die große, gesamte Beziehung zu einem Menschen, sondern auf jede einzelne Begegnung. Ziel ist es, diese eine Begegnung zu einer gelingenden zu gestalten. Das ist machbar. Finden Sie nicht auch? Und sollte es dann doch nicht funktioniert haben mit der gelungenen Begegnung, steht die nächste schon bevor. Mit dieser Haltung sinkt auch

---

63 Viktor Frankl (1905–1997), österreichischer Neurologe und Psychiater, Begründer der Logotherapie und Existenzanalyse, auch als 3. Wiener Schule der Psychotherapie bezeichnet.

der Stellenwert einer nicht gelungenen Begegnung, weil sie nur einen kleinen Teil der Beziehung ausmacht. Eine der nächsten Begegnungen wird gelingen und macht dann Mut für die nächste. Das erscheint einfach und ist es tatsächlich auch! Denn es fallen die kräftezehrenden Versuche weg, die gesamte Beziehung, die Vergangenheit und Zukunft auf einmal klären zu wollen.

Dingo: »There is no time like the present!«, sagen die Amerikaner und treffen den Nagel auf den Kopf. Bei einer Begegnung muss ich mich darauf konzentrieren, wie ich das gegenwärtige Geschehen zu seiner bestmöglichen Lösung führen kann. Wenn mir zum Beispiel gerade ein Schwert entgegenkommt, denke ich am besten nicht darüber nach, wann mir das schon mal passiert ist oder wie ich beim übernächsten Angriff damit umgehen will. Das wäre fatal! Ich muss genau jetzt mit einem positiven Ziel vor Augen handeln. Ich kann das, weil ich es x-mal geübt habe, so ist das mit den Begegnungen auch.«

Was von dem Begegnungsgedanken bleibt, ist das bewusste Ansteuern, die nächsten zwei Sätze am Kaffeeautomaten oder in der Teamsitzung zu einer wirklich persönlichen Begegnung werden zu lassen, die von Wertschätzung und Interesse geprägt ist. Danach die nächste Absprache und dann die freundliche Verabschiedung in den Urlaub – und so immer weiter, Schritt für Schritt. So wird von ganz allein aus vielen gelungenen Begegnungen eine tragfähige Beziehung.

PRAKTISCHER IMPULS

Gibt es eine Person, mit der die berufliche Beziehung kriselt?

Wann ist die nächste Begegnung mit ihr/ihm?

Wie können Sie sie gestalten, damit bessere Ergebnisse als in der Vergangenheit möglich werden? Was können Sie anders machen?

Schwierige Entscheidungen treffen

Eine Entscheidung ist immer dann zu treffen, wenn es mehr als eine Möglichkeit gibt, wie eine Angelegenheit weitergehen kann oder soll. Die Alternativen werden geprüft und analysiert, Szenarien werden entwickelt und Prognosen erstellt. Und dann wird im Idealfall die beste aller Möglichkeiten gewählt, die nach allem Abwägen am sichersten zum gewünschten Ziel führt. So weit, so gut; das umreißt den Alltag einer Führungskraft, zumindest einen Teil davon. Einen weiteren Teil betreffen solche Entscheidungen, die keine beste Alternative haben, die also die sprichwörtliche Wahl zwischen Pest und Cholera bedeuten, und auch jene Art der Entscheidungen, deren Folgen kaum oder gar nicht absehbar sind, weil zu wenig beziehungsweise unzureichende Informationen vorliegen oder eine ganz neue Situation entstanden ist.

Je höher die Ebene der Führungskraft, je mehr Menschen von der Entscheidung betroffen sind, je weiter diese Entscheidung in die Zukunft reicht, desto komplexer ist die Situation, und in gleichem Maße steigt die Verantwortung, die mit dem Treffen der Entscheidung einhergeht.

Das macht es wirklich schwierig, eine Entscheidung zu treffen. Nur wer die Position oder die Rolle des Entscheidenden innehat, kann die Verantwortung nicht delegieren. Was passiert dann? Die erste, zumeist reflexhafte Reaktion ist oftmals, eine als unangenehm empfundene Sache so schnell wie möglich hinter sich zu bringen; »Augen zu und durch«, wie der Volksmund sagt.

Wir hingegen empfehlen: »Augen auf und jeden Schritt bewusst, mit Bedacht und in aller Klarheit vorangehen!« Genau hinsehen, sich auch mit dem Unangenehmen befassen, das ist die Strategie, die wir bevorzugen und propagieren. Hierzu sollten ein paar Fragen hilfreich sein:

- Wie würde ich entscheiden, wenn ich nur noch drei Monate zu leben hätte?

- Welche Faktoren halten mich zurück, welche treiben mich an?
- Was kostet mich die Entscheidung an Geld, Prestige, Beziehungen, Lebenszeit, und bin ich bereit, den jeweiligen Preis zu zahlen?
- Was ist der geringste Schaden?
- Was wäre der »Worst Case«, also das schlimmste Ergebnis, das ich mir als Folge meiner Entscheidung vorstellen kann?
- Was passiert, wenn ich gar nichts mache?

Sicherlich ist es nicht notwendig, immer alle Fragen zugleich zu bemühen. Sie sind jedoch nützlich, um sich den unangenehmen Entscheidungen zu stellen, denn was zu vermeiden ist, ist der Kater, den eine falsche Entscheidung zweifellos nach sich zieht. »Wie konnte ich nur?« »Warum habe ich so einen Mist gebaut?« In solch einer Situation haben wir uns alle sicherlich schon mehrfach befunden. Das klare Hinsehen vor der Entscheidung hält diesen Kater klein. Die Sozialpsychologie beschreibt ihn mit dem Fachbegriff »kognitive Dissonanz«[64] und spricht auch von einer »Nachentscheidungsdissonanz«.

Eine solche Dissonanz ist ein ziemlich unangenehmer Gefühlszustand. Er entsteht dadurch, dass nach einer Entscheidung die Bewertung der Ausgangssituation plötzlich ganz anders erfolgt als vorher. Sei es, weil es mehr Informationen gibt oder weil wir die Folgen der Entscheidung falsch abgeschätzt haben. Diese Vorher-nachher-Wahrnehmung führt zu einem inneren Konflikt der persönlichen Werte, Überzeugungen und Gefühle. Wir werden in eine unangenehme innere Spannung versetzt, die wir wieder loswerden wollen. Das ist nur allzu menschlich, denn mit dem infrage gestellten Selbstbild möchte ich ja wieder ins Reine kommen. Zum einen geschieht das über rationale Erklärungen und zum anderen über Verhaltensänderungen, die in der Zukunft die Dissonanz vermeiden können.

---

64 Der Begriff wurde im Jahr 1957 von Leon Festinger (US-amerikanischer Sozialpsychologe, 1919–1989) geprägt, der sowohl die Entstehung als auch die Auflösung von kognitiver Dissonanz theoretisch formulierte.

Schwierige Entscheidungen treffen

Das bedeutet, je zufriedener wir nach einer Entscheidung mit der getroffenen Wahl sind, desto geringer fällt die Dissonanz aus. Im Grunde kann auch nur das unser Ziel sein. Und so kommen wir zu zwei weiteren wichtigen Fragen, die unbedingt vor der Entscheidung zu stellen sind: Kann und will ich mit den Konsequenzen leben, die diese Entscheidung hervorruft? Und stehen diese im Einklang mit meinen Werten, meinen Überzeugungen? Wer diese Fragen bejahen kann, kann eine Entscheidung beruhigt fällen.

Ein aktuelles Beispiel passiert just beim Abfassen dieses Kapitels: der Absturz einer Seilbahn in den italienischen Alpen, in der Nähe des Lago Maggiore Ende Mai 2021. Ein schreckliches Unglück, bei dem 14 Menschen ihr Leben verloren. Die Ursachen dafür liegen, so der Stand gegenwärtiger Ermittlungen (Juni 2021), in einer Manipulation des Notbremssystems aus wirtschaftlichen Gründen. Wäre die Fragen nach dem Worst Case mit der Frage danach, ob dieser in Kauf genommen wird und ob die Verantwortlichen gut damit leben können, auch nur ansatzweise gestellt worden, dann wäre diese fatale Entscheidung wahrscheinlich so nie gefällt worden. Die möglichen Folgen, der dann zu zahlende Preis wurden offenbar nicht betrachtet. Ein derartiges Unglück wurde schlicht für unmöglich gehalten und bestenfalls mit einem »Es wird schon gut gehen« abgetan. Aus externer Sicht mag der Profit im Vordergrund gestanden haben nach der Prämisse: Die Seilbahn muss laufen, koste es, was es wolle.

Nun haben wir oben noch eine weitere Art von Entscheidungen angedeutet, die Führungskräften das Leben nicht gerade leichter macht und eine besondere Herausforderung darstellt: Entscheidungen, bei denen sich die Folgen nicht abschätzen lassen. Dieses Dilemma tritt ein, wenn nicht auf ausreichendes Erfahrungswissen zurückgegriffen werden kann, sei es von mir selbst oder innerhalb des Unternehmens. Oder auch dann, wenn ohnehin nur bruchstückhafte Informationen vorliegen, nur marginales Wissen in diesem Bereich vorhanden ist oder diese Situation einfach noch nie da war. Es kommt immer wieder vor, dass tatsächlich überhaupt nicht abschätzbar ist, wohin eine Entscheidung führen wird. Während der Coronapandemie in den Jahren 2020/21 ist das sicherlich häufig so gewesen. Eine Fülle völlig neuer Situationen, die oftmals sofortiges Handeln erforderten in Form von Entscheidungen, deren Wirksamkeit niemand zu beurteilen vermochte. So würdigen wir es durchaus im Sinne eines Bemühens um Authentizität oder auch nur des klein zu haltenden Katers, wenn ein verantwortlicher Minister voraussagt: »Wir werden uns nach der Pandemie viel zu verzeihen haben.«[65] Mitarbeitende entlassen oder die Verschuldung erhöhen? Einen neuen Markt erschließen oder zurückfahren und die Stabilität durch Einsparungen erreichen? Abwarten, was auf der politischen Ebene entschieden wird, oder selbst aktiv werden?

Der flapsige Spruch »sicheres Auftreten bei völliger Ahnungslosigkeit« kommt einem da in den Sinn. Damit ist eine Ahnungslosigkeit über den Ausgang gemeint, und die lässt sich manchmal eben nicht vermeiden. Eine Ahnungslosigkeit hinsichtlich der Frage, warum, aus welchem Grund eine Entscheidung getroffen wurde, sollte jedoch nicht bestehen.

Gerade wenn der Ausgang nicht absehbar ist, ist es extrem wichtig, zumindest für sich selbst klarzuhaben, in welcher Absicht eine Entscheidung getroffen wurde. Wer lösungsorientiert über eine zu treffende Entscheidung reflektiert, hat immerhin eine gute Chance auf einen positiven Ausgang. Immer hilfreich ist auch ein sicherer innerer Kompass. Wohin schlägt die Nadel, bezogen auf meine Werte, aus, und wohin führt mich meine Intuition? Kann ich schon auf ähnliche Situationen zurückblicken? Wie habe ich da entschieden, und wie bin ich zu dieser Entscheidung gekommen?

Ziel ist es, eine »innere Leitplanke« zu finden, die eine Richtschnur, eine Sicherheit für das eigene Handeln bietet. Denn diese Sicherheit ermöglicht eine authentische Stellungnahme, eine Begründung für das eigene Handeln, wenn dies in der Zeit nach der Entscheidung infrage gestellt oder kritisiert werden sollte. Es ist die Grundlage dafür, zu der Entscheidung zu stehen, auch wenn das gewünschte Ergebnis nicht eingetreten ist oder die Entscheidung nicht allen und allem dienlich war, sondern auch Schaden angerichtet hat. Bei näherem Hinsehen ist es immer so,

---

65 Gesundheitsminister Jens Spahn im Jahr 2020.

dass eine Entscheidung *für etwas* auch immer eine Entscheidung *gegen etwas* in sich birgt. Betrifft dies nur mich selbst, hat es kaum Folgen. Ich nehme das schwarze und nicht das rote Auto, ich wähle als Urlaubsziel Teneriffa statt Korfu oder Sardinien. Betrifft die Entscheidung allerdings auch andere Menschen, so stellen sich die Verhältnisse schon anders dar. Tatsächlich ergibt sich auch hier meist die Situation, dass nicht alle profitieren können. Irgendwer geht leer aus oder mit einem wenig befriedigenden Ergebnis. Die Profiteure loben die Entscheidung, die Leidtragenden werden sie kritisieren. Damit müssen die Entscheidenden leben.

Um die »innere Leitplanke« zu finden, nun ein Blick auf die drei Möglichkeiten der Entscheidung: wertebasiert, erfahrungsbasiert oder der Intuition folgend.

Wertebasierte Entscheidungen

Übernehme ich den Azubi, oder behalte ich den langjährigen Mitarbeitenden, der kurz vor der Rente steht? Für beides gibt es sicher gute Gründe. Daher ist die Frage zu stellen, welche Werte für mich höher stehen: die Treue und die Erfahrung eines langjährigen Mitarbeiters oder die Nachwuchsförderung und die Zukunftsorientierung der Firma? Und wie sieht es mit einem unglaublich günstigen Angebot für Material aus, von dem bekannt ist, dass es zu unmenschlichen Bedingungen hergestellt wird? Ist der wirtschaftliche Erfolg der leitende Wert oder die Fairness der Produktionskette? Wer sich für das Angebot entscheidet, sollte darauf gefasst sein, begründen zu müssen, warum das so entschieden wurde, wenn der erste Pressebericht dazu erscheint und eine Stellungnahme erwartet wird. Die dann gestammelten und spontan ausgedachten Erklärungen sind meistens nicht sehr kreativ und hinlänglich bekannt. »Es ging nicht anders« (denn es geht immer anders, siehe »Praktischer Impuls« im Kapitel »Handlungsspielraum gestalten«). »Ich hatte keine Kenntnis davon« oder Ähnliches.

Eine Entscheidung, die im Rahmen des eigenen Wertekanons getroffen wird, kann im Nachhinein immer klar und eindeutig begründet werden, wohlwissend, dass die Begründung nicht bei allen Anklang finden wird und kann.

Die bundesdeutsche Regierung hat in der Coronapandemie den Wert, jedes einzelne Leben zu schützen, eindeutig an die erste Stelle gesetzt. So kamen die Entscheidungen für die Lockdowns und die zu Beginn der Impfungen eingeführten Priorisierungen zustande. Andere Regierungen haben anders entschieden und beispielsweise auf Herdenimmunität gesetzt, um in die Wirtschaft nicht drastisch eingreifen zu müssen. Diese Entscheidungen werden bis heute heftig diskutiert. Wäre es nicht besser gewesen, zuerst die arbeitende Bevölkerung zu impfen? Und ist es überhaupt in Ordnung, so weit in das wirtschaftliche und soziale Geschehen im Land einzugreifen? Für alles gibt es sicher ein Für und Wider. Der Wert aber, das Leben selbst zu schützen und nicht etwa die persönliche Freiheit jedes Einzelnen, war in Deutschland handlungsleitend.

Orientierung an früheren Entscheidungen

Eigene oder auch die Erfahrungen eines Unternehmens aus vergleichbaren Situationen lassen sich meist nicht eins zu eins übertragen, sie helfen aber in jedem Fall weiter, um einen roten Faden für die Richtung des Denkens zu finden. Hier ist Lebens- oder Berufserfahrung tatsächlich von Vorteil. Sie bedeutet nämlich, dass wir uns ein ungefähres Bild davon machen können, wie Beteiligte reagieren könnten. Wir tappen, wenn wir in der Vergangenheit auch nur ein bisschen aufgepasst haben, nicht völlig im Dunkeln, sondern können uns an Ergebnisse und Lektionen aus vergangenen Situationen erinnern.

Der Intuition folgen

Fallbeispiel 1: Die Stelle der Marketingleitung soll neu besetzt werden. Es werden Kriterien festgelegt, und nach einem intensiven Verfahren stehen drei Bewerber:innen zur Auswahl. Die Personalchefin soll entscheiden, sie lehnt jedoch alle ab. Stattdessen zieht sie aus dem Bewerbungsstapel Unterlagen heraus, die gar nicht in die zweite Runde kamen, und sagt: Diesen jungen Mann hier, den stellen wir ein. Die Beteiligten sind zumindest verwirrt, wenn nicht verärgert. Mit der Zeit stellt sich dann heraus, wie richtig und gut diese Entscheidung war.

Fallbeispiel 2: Eine Richterin antwortete auf die Frage, wie sie denn ein Urteil fällen könne, wenn es keine eindeutigen Beweise gebe: »Wissen Sie, wenn ich mir den ganzen Fall gut anschaue, komme ich nach einer Zeit zu einer Gewissheit, und dann weiß ich einfach, wie ich entscheiden werde. Dann stellt sich eine innere Sicherheit ein, die ich gar nicht erklären kann. Aber sie ist da, und auch im Nachhinein kann ich sagen, dass diese Entscheidungen immer richtig waren.«

Wir alle erinnern ähnliche Situationen. Es wurde mit viel Aufwand und Recherche sehr sorgfältig eine Entscheidung vorbereitet, und urplötzlich machen wir es doch ganz anders. Dieser Impuls, dieses innere Wissen um den richtigen Schritt, ohne es wirklich begründen zu können, das ist Intuition. Häufig auch »Bauchgefühl« genannt, macht sie Entscheidungen und Wahrnehmungen möglich, die rational nicht unbedingt erklärbar sind. Intuitiv greifen wir auf Erfahrungen zurück und stellen damit Zusammenhänge her, die für Außenstehende und manchmal auch für uns selbst kaum nachvollziehbar sind.

»Intuition ist eine sehr präzise Form der Erkenntnis. Sie ist rasch und genau«,[66] heißt es in einem Buch über Intuitives Management. In diesem Buch von W. Agor werden zur Verdeutlichung des Begriffs »Intuition« mehrere Definitionen verschiedener Dichter und Denker aufgeführt, wobei uns der Versuch von Spinoza[67] am ehesten zusagt. Er beschreibt sie als ein »tieferes Erkennen von Grundwahrheiten ohne vorheriges Wissen oder verstandesmäßiges Erfassen«.[68]

Die Intuition sendet auch Warnsignale, macht komische Gefühle in Richtung einer Person oder beim Unterzeichnen eines Vertrags. Wie oft, wenn darauf nicht geachtet wird oder die Gefühle in einem inneren Dialog wegrationalisiert werden, gibt es im Nachhinein Anlass zum Ärgern. »Hätte ich bloß auf mein Bauchgefühl gehört. Es hat voll und ganz gestimmt.«

---

66 Weston H. Agor (1994): Intuitives Management. GABAL, S. 15.
67 Baruch de Spinoza (1632–1677), niederländischer Philosoph.
68 A. a. O., S. 14.

Nur ist die Intuition, dieser innere Impuls, meist nicht sehr laut – ganz im Gegensatz zu den Geschäftspartner:innen, die den Vertrag unterzeichnet sehen wollen –, und es braucht etwas Zeit, in sich hineinzuhören und das Vertrauen in sich selbst, dem Gehörten dann auch zu folgen.

Dingo: »Also, ich würde mich an dieser Stelle auf eine Wette mit Ihnen einlassen. Es gibt in Ihrem Leben bestimmt mehr Situationen, in denen Sie sich geärgert haben, dass Sie nicht auf Ihr Bauchgefühl gehört haben, als umgekehrt.«

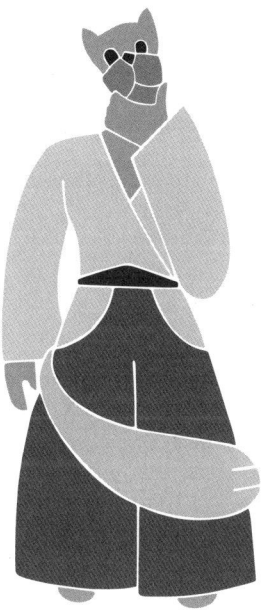

Es ist für eine authentische Führungskraft gerade bei schwierigen Entscheidungen nötig, auch auf die leisen inneren Töne zu hören, sich auf seine Erfahrungen zu stützen und die eigenen Werte als unbedingte Richtung zu beachten. So entsteht die Sicherheit, auch bei ungewissem Ausgang zu der dann getroffenen Entscheidung stehen zu können. Vor allem aber – und das sollte uns auch in aussichtslos erscheinenden Situationen zuversichtlich stimmen – treffen wir selten Entscheidungen, die

Leben oder Tod bedeuten können. Ein Mensch zum Beispiel, der in einen mafiösen Clan hineingeboren wurde und sich zum Ausstieg entscheidet, riskiert sein Leben. Aber bei unseren, wenn auch als schwierig und bedeutend empfundenen, doch meist alltäglichen Entscheidungen können wir deshalb ziemlich gelassen sein.

Dingo: »Sag ich doch, sag ich doch – aber immer nach allen Seiten hin achtsam und präsent, Intuition ist keine Gefühlsduselei.«

PRAKTISCHER IMPULS

Erinnern Sie sich an eine Situation, in der Sie Ihrer Intuition gefolgt sind? Wer hat Sie beeindruckt, als es eine schwierige Entscheidung zu treffen galt? Was genau war außergewöhnlich? Was bedeutet das für Sie, für Ihre Entscheidungen?

Konkurrenz neu denken

Das Thema »Wettstreit und Konkurrenz« begleitet uns von Kindheit an. In der Schule geht es um bessere Noten, dann im Sportverein darum, schneller zu sein oder weiter zu springen, und im Beruf schließlich darum, steil nach oben zu kommen und erfolgreicher zu sein als die Kolleg:innen. Abgrenzung ist nötig, um den nächsten Karriereschritt zu schaffen und die Mitbewerber:innen auszustechen. Auf allen möglichen Ebenen werden Benchmarks durchgeführt, immer geht es darum, zu vergleichen und besser zu sein als der oder die anderen.

Nicht von ungefähr wird deshalb von Konkurrenz*kampf* gesprochen. Und dass Konkurrenz Kampf ist und die Mittel nicht immer fair sind, wissen wir alle, und doch spielen die meisten das Spiel mit. Es ist tief in uns verwurzelt, besser sein zu wollen als … egal, Hauptsache, besser.

Definierend erklärt wird der Begriff »Konkurrenz« mit Rivalität, Wettbewerb oder Wettstreit zwischen zwei oder mehreren Gegnern, die sich auf einem Markt positionieren oder in einer Sportart eine Medaille holen wollen.

Der Ursprung des Wortes hat allerdings noch eine weitere Facette, die durch den üblichen Gebrauch des Wortes in Vergessenheit geraten ist. »Konkurrenz« kommt vom lateinischen Verb »concurrere«. »Con« bedeutet »mit« beziehungsweise »zusammen«, und »currere« bedeutet »laufen« oder »rennen«. »Zusammenlaufen« ist die Übersetzung des Ursprungswortes. Dabei geht es also zunächst gar nicht um Kampf und Gegeneinander. Zusammen, miteinander etwas zu tun ist der Ursprung des Wortes. Freilich gäbe es ohne ein Zusammen oder Miteinander tatsächlich keine Konkurrenz. Es braucht andere, die mitmachen, die gemeinsam mit mir auf dem Weg sind, um überhaupt so etwas wie einen Wettbewerb zu ermöglichen. Denn der belebt ja, wie ein altes Sprichwort sagt, das Geschäft. Die Interpretation lässt zumindest einen Gedanken in eine Richtung zu, die nicht ausschließlich einen Kampf gegen die Konkurrenz vorsieht, sondern eine gewisse Dankbarkeit, dass sie da ist. Dies ist zugegebenermaßen ein Gedanke, der uns selten streift. Aber er ist durchaus nicht abwegig. Eine Welt mit Monopolen sowohl in politischer als auch wirtschaftlicher Hinsicht lässt ein Kopfkino entstehen, bei dem man nur weglaufen möchte. In diesem Sinne ist Konkurrenz ein Korrektiv, für das wir tatsächlich dankbar sein müssten.

Ein weiterer grundlegender Gedanke im Zusammenhang mit der Konkurrenz ist das ständige Vergleichen mit den anderen Abteilungen, mit anderen Unternehmen, den Kolleg:innen, den Nachbarn und so weiter. Mit einem neuen Auto oder einer Gehaltserhöhung ist man so lange zufrieden, bis man feststellt, dass der Nachbar ein größeres hat oder die Kollegin mehr bekommt. Schnell stellt sich ein Gefühl von Ungerechtigkeit oder Benachteiligung ein. Die Frage lautet dann nicht mehr: »Bin ich mit meinem Auto, mit meinem Gehalt zufrieden?«, sondern schlägt um in ein Bedürfnis: »Ich will das auch, was andere haben – am liebsten aber noch mehr, noch neuer, noch größer und so weiter.«

Dingo: »Also ... wir Tiere kennen das mit dem Vergleichen gar nicht. Das ist mal wieder ›typisch‹ Mensch. Wir Dingos schauen nicht auf einen anderen Dingo und denken: ›Der hat aber ein viel schöneres Fell als ich. So eines will ich auch haben. Es ist ungerecht, dass mein Fell nicht so schön schimmert.‹ So denken wir einfach nicht. Unser Fell ist, wie es ist, und das von einem anderen Dingo ist eben anders. Wir beziehen es nicht auf uns selbst. Auf so etwas kommen wohl nur Menschen.«

»Vergleichen ist das Ende des Glücks und der Anfang der Unzufriedenheit«, schrieb Kierkegaard[69] schon vor fast 200 Jahren. Und noch früher wusste Montesquieu[70] bereits: »Man will nicht nur glücklich sein, sondern glücklicher als die anderen. Und das fällt deshalb so schwer, weil wir die anderen für glücklicher halten, als sie sind.« Am gründlichsten klappt

---

69 Søren Aabye Kierkegaard (1813–1855), dänischer Philosoph.

70 Charles-Louis de Secondat, Baron de Montesquieu (1689–1755), französischer Philosoph und Schriftsteller.

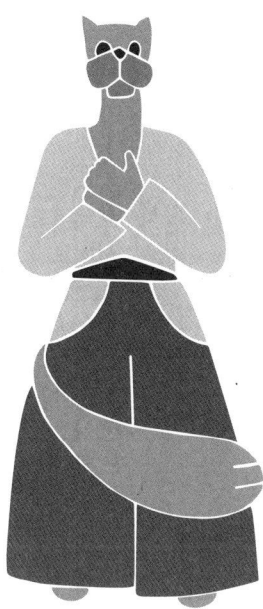

das, wenn wir unsere Leistungen oder Errungenschaften mit den bestmöglichen vergleichen, denn dann fühlen wir uns besonders mies. Vergleiche mit schlechteren Situationen hingegen führen dazu, sich besser
zu fühlen. Beides aber schafft Distanz. Wer die Unterschiede sieht, sieht,
was trennt.

Was wir aber noch viel entscheidender finden, ist, dass Vergleiche bedeuten, sich auf die Maßstäbe, die andere gesetzt haben, zu beschränken.
Es macht uns unfrei, denn wir wählen nicht mehr selbst, was wir erreichen wollen. Es ist ja möglich, dass wir, statt mit einem dicken SUV durch
die Landschaft zu kutschieren, eigentlich viel zufriedener wären, wenn
wir einen Beitrag zur Rettung einer Tierart leisten könnten. Indem wir
uns in das Dickicht des Vergleichsdenkens begeben, sehen wir die weite
Palette der Möglichkeiten nicht mehr.

Beim Thema »Konkurrenz« sind demnach die folgenden Fragen zu stellen: Was verbindet uns mit dem Konkurrenten? Wo gibt es Berührungs-

punkte? Wo belebt das, was er produziert oder betreibt, unser Geschäft? Wo inspiriert die Vorgehensweise der Konkurrenz unser eigenes Handeln?

Natürlich entsteht so ein Wettbewerb – aber eben kein Wett*kampf.* Einen Kampf kann es nur geben, wenn der Angriffswillige auch auf einen Gegner trifft, der sich darauf einlässt.

Dingo: »Mir kommt hier der Satz ›Ich bin doch nicht blöd‹ in den Sinn. Wenn mich jemand angreifen will, mache ich mich nicht freiwillig zum *Uke*. In dem Augenblick, in dem ich mich zu einem ›Kampf‹ herausfordern lasse, habe ich schon verloren. Ich wähle die Mittel und den Zeitpunkt, wie und wann ich handele, lieber selbst. Wenn mich jemand angreift, kann ich den Angriff an mir vorbeiziehen lassen oder wählen, wie ich in dieser Situation handeln will. Wenn ich einfach nur besser sein will, dann habe ich meinem Angreifer die Wahl der Mittel überlassen. Als *Nage* will ich aber eine bessere Situation schaffen, deshalb antworte ich nicht so, wie *Uke* es erwartet oder zu bestimmen versucht, sondern ich gebe die Richtung vor.

Um die beste Lösung zu wetteifern ist durchaus geboten, allerdings ohne sich einen Konkurrenzkampf zu liefern. Wer sich nicht auf den Kampf einlässt, reagiert empathisch auf das, was verbindet, auf die Inhalte oder auf die Einwände des Gegenübers.

Es gibt allerdings zahlreiche Zitate von Managern, die den Kampf im Denken und Handeln propagieren: »Das Ziel von Wettbewerbern ist es, zu gewinnen und nicht den Wettbewerb auf den Märkten zu erhalten«, sagte George Soros,[71] und Herb Kelleher[72] gab die Parole für sein Unternehmen aus: »Viele Wege führen nach Rom. Entscheidend ist es, dort hinzukommen. Auf welchem Weg, das spielt keine Rolle.«

Wer auf dem Weg zu einer authentischen Organisation ist, der wird darauf anders antworten. Miteinander auf dem Weg sein, einen Mehrwert erzielen, darum geht es doch und nicht darum, andere aus dem Weg zu räumen. Tatsächlich mag es kurzfristig mehr Absatz, mehr Umsatz oder Gewinn bringen. Aber was bedeutet es langfristig?

Hier fragt es sich nun, wie denn die Teilnahme an einem Wettbewerb motiviert ist. Wie lautet die richtige Antwort auf die Frage: Warum wollen Sie Marktführer sein? Eine Vertriebsexpertin berichtete einmal recht erstaunt: »Mein Chef hat gesagt, ich soll die Produkte nicht verkaufen, damit wir mehr Umsatz machen, sondern weil unsere Produkte für die Menschen besser seien als die der anderen Anbieter.« Er war beseelt von dem Gedanken, dass seine Produkte einen positiven Mehrwert für das Leben seiner Kunden:innen darstellten, und das motivierte ihn, immer besser als die Konkurrenz sein zu wollen. Vorschläge der Produktentwicklung, hier oder dort zu sparen, um die Gewinnmarge zu vergrößern, lehnte er ab. Und wann immer jemand ihm mit dem Satz »Also, verglichen mit der Konkurrenz …« kam, schnitt er ihn ab und antwortete: »Ich weiß, was die Konkurrenz macht; wir machen es anders.«

Dieser Unternehmer wollte der Welt mit seinen Produkten einen Dienst erweisen und nicht bloß mehr verdienen als die Konkurrenz. Am

---

71 George Soros (*1930), US-amerikanischer Investor ungarischer Herkunft.
72 Herbert David (»Herb«) Kelleher (1931–2019), US-amerikanischer Geschäftsmann, Milliardär, Gründer und bis 2008 CEO der Fluggesellschaft Southwest Airlines.

Konkurrenz neu denken

Ende hat er beides geschafft: Marktführer zu sein und gute Produkte zu haben. Und wenn er nicht Marktführer geworden wäre? Seinem Weg wäre er ganz sicher treu geblieben. Warum? Weil der Sinn des Handelns ein anderer wird, wenn es nicht ums Gewinnen oder um das Ausstechen der Konkurrenz geht. Dann geht es um die Qualität des Produkts, um die Zufriedenheit der Kund:innen, um die Herkunft der Materialien. Das alles trägt dazu bei, kurzfristig auf dem Markt mithalten zu können und langfristig einen Beitrag zu leisten. Diese Haltung machte sowohl für die Gegenwart als auch für die Zukunft den Unterschied im Erfolg des Unternehmens aus.

PRAKTISCHER IMPULS

Denken Sie an Ihren schärfsten Konkurrenten. Was verbindet Sie mit ihm? Welche seiner Inhalte und Einwände können Sie konstruktiv nutzen?

Handlungsspielraum gestalten

Handlungsspielraum zu gestalten heißt, Entscheidungsmöglichkeiten zu haben und auch die Fähigkeit zu besitzen, sie verbunden mit dem entsprechenden Selbstbewusstsein zu treffen. Hinzu kommt je nach Rolle und Position ein Erlaubnisraum, in dem ich handeln kann. Dieser wird in der Regel mittels einer Stellenbeschreibung von der Organisation vorgegeben, die beiden anderen Parameter, also Fähigkeit und Selbstbewusstsein, liegen in mir selbst. »Ich habe die Wahl« – so unsere Ausgangsthese –, ist eine Lebenseinstellung. Diese These hat das Potenzial, kontroverse Diskussionen auszulösen, denn der Einwand, dass unter besonderen Umständen das Gefühl entstehen kann, es gebe diesen Handlungsspielraum tatsächlich nicht, ist nicht unberechtigt.

Ein großes Vorbild ist Nelson Mandela. Selbst in den vielen Jahren im Gefängnis – und es waren mehr als 27 – hat er sich nie als Opfer gesehen. Er hat immer, auch in dieser Situation, seinen Raum gestaltet. So schreibt er in seiner Autobiografie *Der lange Weg zur Freiheit*,[73] als er nach seiner ersten Verurteilung in seine Zelle gebracht wurde: »Dieser Raum wird nun für fünf Jahre mein Heim sein.« Er nutzte den Handlungsspielraum, den er im Gefängnis hatte (und den es tatsächlich auch gab), um den Freiheitskampf weiterzuführen. Er wusste genau, welche Rechte Häftlinge hatten, und machte diese bei jeder sich bietenden Gelegenheit geltend. In seiner Autobiografie beschreibt Mandela eindrücklich, wie sehr die Bedingtheiten die Häftlinge brechen sollten. Genau das wollte er nicht mit sich geschehen lassen. Er wusste, dass er gebildeter und intelligenter war als die meisten seiner Bewacher, und er kannte seine Rechte besser. Aber er ließ sie das nicht spüren. Er hatte sich dem Ziel verschrieben, nicht nur für sich, sondern auch für seine Mithäftlinge kurz- bis mittelfristig bessere Haftbedingungen und langfristig die Aufhebung der Apart-

---

73 Nelson Mandela (1997): Der lange Weg zur Freiheit. Fischer Taschenbuchverlag.

heid zu erreichen. Es war an dieser Stelle nicht entscheidend, ob er das aus dem Untergrund oder dem Gefängnis heraus betrieb. Seine Haltung war nicht gegen die Menschen – also weder gegen die Wärter noch gegen die Weißen im Allgemeinen – gerichtet, sondern gegen das System. Er suchte bei jedem Menschen nach dem Funken Menschlichkeit und nach einer Möglichkeit des Miteinanders. Diese innere Haltung behielt er auch nach seiner Freilassung bei. Es war für Mandela tatsächlich nicht von Belang, ob er inhaftiert war oder Staatschef. Während einer Pressekonferenz am Tag nach seiner Entlassung sagte er, er sei zwar aus dem Gefängnis entlassen, aber noch nicht frei. »Ich wurde auch nach den Ängsten der Weißen gefragt. Ich wusste, die Menschen erwarteten von mir, dass ich Zorn auf die Weißen hegte. Doch das war nicht der Fall. Im Gefängnis nahm mein Zorn auf die Weißen ab, aber mein Hass auf das System wuchs. Südafrika sollte sehen, dass ich sogar meine Feinde liebte, das System jedoch hasste, das uns gegeneinander aufbrachte.«

Den Raum, den Nelson Mandela für sich sah, hat er mit Wahrhaftigkeit gestaltet und letztlich sein Ziel erreicht.

Ein Handlungsspielraum setzt einen gedachten Rahmen voraus, in dem ich agieren kann. Es gibt Menschen, die diesen Rahmen bewusst überschreiten und das als Abenteuer und spannend erleben. Und es gibt Menschen, die nehmen diesen Raum gar nicht wahr und fühlen sich dem Zwang ausgesetzt, in bestimmter Art und Weise handeln zu müssen und eben nicht selbst gestalten zu können. Es fällt nicht schwer, die Businesswelt so wahrzunehmen und den vorhandenen Handlungsspielraum für sich nicht zu erkennen.

Gerade Führungskräfte sind oftmals Situationen ausgeliefert, die ihnen keine Wahl zu lassen scheinen. Der Zwang und die eindeutigen Anweisungen stehen einfach im Raum. Nun werden nicht wenige Leser:innen sicher heftig nicken und diese Situationen bestätigen. Wäre dieses Buch ein Film, hielten wir hier an und machten einen Break. Also stop!

An dieser Stelle möchten wir Sie zu einem Gedankenexperiment einladen: Was, wenn es den Zwang, die Alternativlosigkeit gar nicht gäbe oder sie nur in unserem Kopf existierte? Gehen Sie einfach einmal davon aus:

Es gibt *immer* mindestens eine weitere Möglichkeit, einer Situation zu begegnen. Und Sie haben immer – tatsächlich *immer* – die Wahl.

Nun kann sich in Ihnen entweder Widerstand regen, oder Sie können bei der Vorstellung, dass Entscheidungsspielräume und Alternativen allzeit vorhanden sind, Erleichterung verspüren. In beiden Fällen lohnt es sich, dieser inneren Spur zu folgen. Der Schlüssel zu der Erkenntnis »Es gibt immer eine Wahl« liegt in unseren Gedanken. »Ich muss das jetzt so machen. Ich habe keine Wahl.« Oder: »Ich habe immer eine Wahl, und ich werde so lange überlegen, bis ich mindestens eine weitere Möglichkeit gefunden habe.« So entsteht eine Freiheit, die Gestaltung möglich macht.

Im ersten Fall habe ich keine Verantwortung – ich kann ja nicht anders. Im Extremfall sind das jene Menschen, die sagen: »Ich konnte doch nichts beeinflussen, nichts ändern; denn ich habe nur Befehle ausgeführt.« Im anderen Fall liegt nicht nur die Entscheidung, sondern auch die Verantwortung bei mir. Auch für das Scheitern, für die Fehlentscheidung. Und im Grunde ist auch damit schon eine Entscheidung getroffen. Übernehme ich die Verantwortung oder nicht? Der eine Weg führt zum Ausführen des Aufgetragenen, zum Hinnehmen, der andere hingegen zur Gestaltung. Was wollen Sie?

Der US-amerikanische Psychologe Wayne W. Dyer (1940–2015) hat sich mit dieser Thematik befasst und hat – als Metapher – die Menschen in zwei Gruppen eingeteilt: Frösche und Adler. Frösche sehen die Welt aus der Froschperspektive. Sie sind umgeben von Füßen und Reifen, die ihnen gefährlich werden könnten. Frösche übergeben ihre Nachfahren der Umwelt. Es ist dann Schicksal, welche ihrer Eier reifen können. »Frösche« nennt Dyer die Menschen, die sich ständig beklagen, quasi auf dem Trockenen sitzen und nichts unternehmen, um eine neue Wasserstelle zu finden. Adler hingegen haben den Überblick und ziehen ihre Jungen voll verantwortlich in Arbeitsteilung auf, bis diese allein leben können. Adler leben zudem monogam in einer »Dauerehe«. Wird ein Partner getötet, ist der andere oft so traurig, dass er die Jungen nicht mehr füttern kann und die ganze Brut zugrunde geht.

Eine kleine Geschichte[74] mag dieses Bild veranschaulichen:

Die Erkenntnisse eines New Yorker Taxifahrers
nach Vera F. Birkenbihl

Es gab einmal einen New Yorker Taxifahrer, der in seinem ziemlich ver-
schmutzten und verwahrlosten Taxi seinen Dienst tat. Er war mit seinem
Leben unzufrieden und jammerte gemeinsam mit seinen Kollegen über
Kunden, die alle fiese Leute seien, die sich nicht zu benehmen wüss-
ten, besoffen einstiegen und mit ihren Zigaretten Löcher in die Sitzpols-
ter brannten. Es lohne sich ja gar nicht, den Wagen in einen ordentlichen
Zustand zu bringen und zu putzen. Da waren sich alle einig, und man klagte
(quakte) gemeinsam über die schlimmsten Fahrgäste. Man war sich darüber
hinaus einig, dass die Regierung auch ihren Anteil an Schuld habe, weil sie
nämlich zu viele Taxilizenzen verteilte und daher zu viele Taxis unterwegs
seien und man zu wenig verdiene ... Quaaaaak!

Nun stand der Taxifahrer in einer langen Schlange am Bahnhof und
ließ sich die letzte Diskussion mit seinen Kollegen durch den Kopf gehen,
während das Radio lief. Plötzlich wurde er aufmerksam. Das Interview mit
Wayne Dyer begann in sein Bewusstsein einzudringen, und er hörte, dass
Dyer die Menschen in Frösche und Adler einteilte, dass Adler selbst Verantwortung übernähmen, während Frösche sie anderen zuschanzten. Deshalb fühlten sich die Frösche nicht nur schwach und hilflos, sondern sie
machten auch immer die Welt um sie herum (die Regierung, den Wettbewerb, andere Menschen) für ihre Probleme verantwortlich, jammerten
und klagten (quakten). Nach ungefähr zehn Minuten wurde ihm mit einem
Schlag klar: Der redet ja von mir! Das bin ja ich – der Frosch! Immer jam-
mere und meckere ich herum!

Dieser Taxifahrer war so betroffen, dass er seinen Platz in der Warte-
schlange verließ, in den Stadtpark fuhr und dort erst einmal lange und tief
nachdachte. Aber er verarbeitete nicht nur Einsichten, er zog auch Konse-

---

74 Die Geschichte und die Einleitung dazu sind wiedergegeben in Vorträgen von Vera F.
Birkenbihl. Quelle der Geschichte von John, dem Taxifahrer: https://nachhilfe-campus.de/
wp-content/uploads/2018/09/Die-Geschichte-vom-Frosch-und-Adler.pdf.

quenzen daraus (er wurde zum Gestalter!). Heute ist er einer der erfolgreichsten New Yorker Taxiunternehmer. Als er sich fragte, inwieweit er möglicherweise selbst Verantwortung für den desolaten Zustand seines Wagens (und Lebens) übernehmen konnte, wurde ihm zum Beispiel klar, dass sein verwahrlostes Taxi eng mit der Schuldzuweisung an seine Kunden zusammenhing (»diese Schweine«). Diese Einstellung hatte sich seinen Kunden natürlich auch »irgendwie« mitgeteilt. Analog dem bekannten Motto »Jedes Volk hat die Regierung, die es verdient« könnten wir hier feststellen: »Jeder Dienstleister (und Verkäufer) hat die Kunden, die er verdient.«

Dieser Taxifahrer konnte mit seinem dreckigen Taxi keine guten Kunden anziehen, weil sie sich vor dem verdreckten Taxi grausten. Nun kreierte er eine Metapher: Er begann darüber nachzudenken, wie es wäre, wenn diese Kunden zu ihm nach Hause kämen, statt in sein Auto einzusteigen. Wenn mein Haus so verdreckt wäre wie mein Taxi, dann würde ich niemanden hereinlassen. Wenn jemand zu mir nach Hause käme, würde ich ihm die Türe öffnen. Wenn jemand zu mir nach Hause käme, den ich persönlich noch nicht kenne (zum Beispiel der Begleiter eines Bekannten), dann würde ich mich namentlich vorstellen. Wenn jemand zu mir nach Hause käme, würde ich ihm etwas zu trinken anbieten ... Als unser Taxifahrer sich ganz bewusst entschloss, Verantwortung für sein »rollendes Haus« zu übernehmen und potenzielle Kunden als Gäste zu sehen, fiel ihm sofort eine Reihe konkreter Verbesserungsmaßnahmen ein, die er innerhalb von Tagen umsetzte.

Heute kommt er in einem blitzblanken Auto zu Ihnen, er macht Ihnen die Tür auf und stellt sich mit Visitenkarte vor. Er bietet Ihnen zu trinken an, heiß oder kalt (Kaffee mit und ohne Koffein, Tee und kalte Getränke aus der Minibar). Er bietet Ihnen Musik an, die Sie über Kopfhörer oder die Autoanlage hören können. Er hat aktuelle Zeitungen mit Börsennachrichten und so weiter für Sie, wenn Sie lesen wollen. Er erklärt Ihnen: »Wenn Sie sich unterhalten wollen, gern, wenn nicht, ist es selbstverständlich auch okay.« Heute ist er ständig ausgebucht und fährt nur noch auf Vorbestellung. Er steht nicht mehr mit einem dreckigen Taxi am Bahnhof herum. Ihm ist klar geworden, dass die Adler nicht darunter leiden, wenn die Regierung Tausenden von Fröschen Taxilizenzen gibt! ■

Handlungsspielraum gestalten

Mit der Freiheit, über einen Handlungsspielraum zu verfügen, entsteht eine Unabhängigkeit von den äußeren Bedingungen – und das gilt für jede Situation! Ob ich inhaftiert bin, ein Taxi fahre oder über die Weiterbeschäftigung oder Entlassung eines Mitarbeitenden nachdenke. Zu Letzterem ein Beispiel: Eine neu geschaffene Stelle für die Öffentlichkeitsarbeit ist seit acht Wochen besetzt. Es wird schnell deutlich, dass es persönlich mit dem Geschäftsführer und fachlich mit dem Aufsichtsrat nicht passt. Die Mitarbeiterin wird ohne viel Federlesen entlassen. Die Entscheidung wurde schnell und ohne Gespräche mit der Angestellten getroffen. »Ich musste die Reißleine ziehen.« »Eine andere Wahl hatte ich nicht.« »Das musste jetzt sein.« So die Aussagen des Geschäftsführers. Von außen betrachtet, ist deutlich sichtbar: Das stimmt so nicht. Es hätte andere Möglichkeiten gegeben. Ob der Geschäftsführer so handelte, weil er sich dafür entschieden hat, oder ob er »so handeln musste«, weil der Aufsichtsrat mit der Mitarbeiterin nicht zufrieden war, für die Folge – die Kollegin wird entlassen – macht es keinen Unterschied, für den Geschäftsführer schon. Handelt er so, wie der Aufsichtsrat es verlangt, ist er nur »Handlanger«, und die Verantwortung dafür liegt beim Aufsichtsrat. Führt er eine Entscheidung aus, die er aus verschiedenen Möglichkeiten ausgewählt hat und auch begründen kann, übernimmt auch er Verantwortung für die Kündigung. Der Satz: »Es tut mir leid, aber mir waren bei der Entscheidung die Hände gebunden«, könnte dann nicht fallen.

An dieser Stelle stellen wir nun einen Weg vor, andere Möglichkeiten des Handels zu finden. Der Weg eröffnet andere und neue Richtungen des Denkens. Und diese wiederum erschließen den Handlungsspielraum, der uns zum Adler macht. Es geht um *The Work*, eine Methode, die von Byron Katie[75] 1986 entwickelt wurde. Sie hat das Vorgehen in vier einfachen Fragen zusammengefasst, nachdem sie über ein Jahrzehnt selbst schwer psychisch erkrankt war (Depression, Sucht) und ihr alle Behandlungen wenig geholfen hatten. Grundlage dieser Methode ist die Erkennt-

---

[75] Byron Kathleen Mitchell (*1942), US-amerikanische Lehrerin und Autorin, Gründerin der Methode *The Work*.

nis, nicht zu warten, bis die Welt sich so verändert, dass es einem besser geht, sondern eigene Einstellungen und Gedanken zur Welt zu verändern und seine Gedanken zur Situation zu hinterfragen.

In *The Work*[76] geht es im Wesentlichen um vier einfache Fragen bezüglich einer bestimmten Situation:

1. Ist es wahr, was ich denke?

2. Kann ich mit absoluter Sicherheit wissen, dass dieser Gedanke richtig oder wahr ist?

3. Wie fühlt es sich an, diese Gedanken zu haben, und wie reagiere ich darauf? (Vertiefend: Welche körperlichen Empfindungen habe ich, wie beeinflusst dies mein Auftreten anderen gegenüber?)

4. Wer wäre ich ohne diese Gedanken?

Die ersten beiden Fragen eröffnen den Raum und lassen die Möglichkeit zu, dass es auch andere Sichtweisen gibt. Die dritte Frage regt dazu an, den eigenen Gefühlen nachzuspüren. Meist ist das verbunden mit der Erkenntnis, dass es nur zu schlechter Laune führt, wenn ich mich einschränke, passiv bin und mich ausgeliefert fühle. Die vierte Frage ist der Schlüssel dazu, die Blickrichtung zu verändern. Was könnte ich denken, wenn dieser eine Gedanke gar nicht da wäre?

Einmal dort angekommen, haben Sie drei grundlegende Möglichkeiten zu handeln: die Situation anzunehmen, sie zu verändern oder sie zu verlassen. Henry Ford[77] formuliert das in seiner drastisch knappen Art: »Love it, change it or leave it.«

---

76 https://thework.com/wp-content/uploads/2019/03/German_LB.pdf.

77 Henry Ford (1863–1947), US-amerikanischer Erfinder und Automobil-»Pionier«, Gründer der Ford Motor Company.

Annehmen

Um zu verstehen, was wir mit dem folgenden Gedicht sagen wollen, ersetzen Sie einfach »die Liebe« durch »der Dingo«.

Was es ist
Erich Fried

Es ist Unsinn   sagt die Vernunft
Es ist was es ist   sagt die Liebe
Es ist Unglück   sagt die Berechnung
Es ist nichts als Schmerz   sagt die Angst
Es ist aussichtslos   sagt die Einsicht
Es ist was es ist   sagt die Liebe
Es ist lächerlich   sagt der Stolz
Es ist leichtsinnig   sagt die Vorsicht
Es ist unmöglich   sagt die Erfahrung
Es ist was es ist   sagt die Liebe

Aus: Erich Fried »Es ist was es ist. Liebesgedichte Angstgedichte Zorngedichte.«
© 1983, 1996, 2007 Verlag Klaus Wagenbach, Berlin.

Annehmen heißt, sich dem zu öffnen, was ist, und ist in keinem Fall im Sinn von *Hinnehmen* gemeint. Das ist ein gravierender Unterschied. Das Annehmen einer Situation ist ein aktiver Prozess. Es ist keine Resignation, keine Kapitulation. Es ist vielmehr der erste Schritt zur Veränderung.

Betrachten wir das Annehmen aus unterschiedlichen Richtungen.

Die Vergangenheit ist vorbei und lässt sich nicht mehr verändern, und wenn sie noch so unangenehm ist. Wir können uns mit vielen verschiedenen Gedanken lange quälen: »Ach, wäre es doch so gewesen« oder »Hätte ich doch anders gehandelt ...«. Es ändert aber nichts mehr, egal, ob Wut, Ärger, Scham oder was auch immer damit verbunden sind. Es ist, was es ist. Die Situation hat sich zugetragen, unabhängig davon, wie ich heute dazu stehe.

Etwas nicht annehmen zu können ist immer mit einer unangenehmen Situation verbunden, die wir anders geplant, uns anders vorgestellt oder erhofft hatten. Die reflexhafte und verständliche Reaktion ist Abwehr, sich dagegen zu sträuben, dass es so ist. Annehmen meint vielmehr wahrnehmen und sich darauf einlassen. Auch wenn es schmerzhaft und unangenehm ist.

Annehmen ist die Folge der Erkenntnis, dass Gegenwehr oder Ablehnung hier nichts bringt. Nelson Mandela hätte sich innerlich dagegen wehren, sich aufregen oder sich ungerecht behandelt fühlen können, weil er inhaftiert war. Er hätte allen Grund dazu gehabt. Er aber nahm die Situation an, wie sie war. Denn das Aufbäumen verbraucht zu viel Energie, die anders besser eingesetzt werden kann. Nelson Mandela hat bewusst gewählt, was er tun und was er unterlassen würde, und dies 28 lange Jahre durchgehalten.

Annehmen ist auch das Aufgeben von Illusionen, das Ende davon, sich Dinge oder Situationen »schönzureden«. Bei anderen ist es leichter zu erkennen, bei uns selbst dafür umso schwieriger. Dies berichtete ein Coachingkunde, als auch die dritte Chance zur Beförderung wieder an ihm als Teamleiter vorbeigegangen ist und eine junge Kollegin den ersehnten Posten bekommen hatte. Er fand Gründe dafür, weshalb seine Erwartung nicht eingetroffen waren, und war sicher: »Beim nächsten Mal wird es bestimmt was.« Den guten Rat seiner Kollegen, sich auf eine adäquate Stelle in einem anderen Unternehmen zu bewerben, schlug er in den Wind.

Annehmen ist das Akzeptieren der Realität, dass das Leben in manchen Situationen nicht so ist, wie wir es gerne hätten. Es ist *keine* Resignation, kein schulterzuckendes Hinnehmen.

Ich verändere also zuerst meine Gedanken zur Situation. Wenn es tatsächlich nicht in meinen Möglichkeiten liegt, etwas an der Situation zu verändern, ändere ich meine Einstellung dazu. Bestes Beispiel: das Wetter. Ein Bergführerin hat nörgelnden Bergwanderern einmal schlicht gesagt: »Ach ja, das Wetter … das lassen wir am besten so, wie es ist.« Auch der oft zitierte Spruch »Es gibt kein schlechtes Wetter, sondern nur schlechte Kleidung« beschreibt hervorragend eine gestaltende Herangehensweise. Ich kann das Wetter nicht ändern, aber ob ich mich entsprechend kleide, liegt völlig in meiner Hand.

Liegt es also im Rahmen des Möglichen, etwas zu verändern, und wollen Sie die Situation nicht bedingungslos annehmen, dann ist Handlung geboten.

Verändern

Die Chance, eine Situation zu verändern, setzt voraus, auch tatsächlich Einfluss auf sie ausüben zu können. Aus beruflicher Sicht brauche ich dazu die Entscheidungsbefugnis oder einen inhaltlichen Auftrag. Das ist mein Erlaubnisraum. Wer neue Büroräume anmieten will oder das Arbeitszeitvolumen eines Mitarbeiters erhöhen möchte, aber weder die Berechtigung hat, Verträge zu unterzeichnen, noch die Prokura, das Budget für Löhne zu erhöhen, der kann hier nicht handeln. In solchen Fällen ist es geboten, die Befugnisse zu vergrößern, um aktiv werden zu können

Die Situationen, die Handlung erfordern, sind vielfältig und die Ansatzpunkte dafür unterschiedlich. Verhandlungen mit den Vorgesetzten, das Umsetzen eines Veränderungsprozesses, eine Fortbildung oder ein Start-up; privat beispielsweise ein Konfliktgespräch, ein Umzug oder die Suche nach einem neuen Hobby; der Ausgangspunkt ist immer die Überzeugung, dass es in meiner Macht liegt, etwas zum Besseren zu verändern.

Was folgt, ist eine intensive Auseinandersetzung mit der Situation, um den realistischen Chancen zur Veränderung auf die Spur zu kommen. Um Fähigkeiten zu erweitern, andere Menschen dafür zu gewinnen, eine andere Position zu erreichen. Und um klar vor Augen zu haben, ob es erreichbar ist oder nicht. Wenn nicht, nun ja, dann kann ich das Gegebene wie oben beschrieben annehmen, oder ich entscheide mich für die folgende, dritte Handlungsmöglichkeit.

Verlassen

Diese Variante, das Verlassen einer unerwünschten Situation, hört sich zunächst als die drastischste an, und häufig ist sie es auch. Verlassen heißt im beruflichen Kontext: »Ich kündige«, »ich schmeiße alle raus« oder im Privaten: »Ich werde mich trennen/lasse mich scheiden«, »Ich verkaufe dieses Haus« und so weiter.

Ein radikaler Schritt wäre oft nötig, aber wir tun es einfach nicht. Die Sätze, die dann fallen, kennen wir alle: »Das hätte ich schon vor drei Jahren machen sollen.« »Es war nicht gut, so lange damit zu warten. Ich hätte mir einiges erspart.« Leider ist die Leidensfähigkeit oft stärker ausgeprägt als der Mut zur Veränderung. Wirklich »leider«? Es kann ja sein, dass der Chef meine Vorschläge doch noch ernst nimmt und umsetzt. Und der langjährige Gefährte könnte doch noch eine seiner zahlreichen nie umgesetzten Versprechungen einlösen. Deshalb warten wir weiter ab, bevor wir einen radikalen Schritt wagen. Ja, wirklich »leider«! Denn was ist damit gewonnen?

Dieses Abwarten hat noch einen weiteren guten Grund, denn das Verlassen hat meist einen hohen Preis. Die Bereitschaft, ihn zu zahlen, ist entscheidend für den Entschluss, unter die Situation einen Schlussstrich zu setzen. Denn selten ist *alles* nur schlecht, und einen lange Zeit ausgeübten Posten zu verlassen, sich von den vertrauten Kollegen, den Abläufen, die wie im Schlaf von der Hand gehen, zu verabschieden – das ist tatsächlich schwierig. Und zwar selbst dann, wenn ich mich auf den neuen Arbeitsplatz, die neue Aufgabe freue. Eine Partnerschaft oder Freundschaft nach Jahren einfach zu beenden ist schmerzvoll und oft mühsam, meist für beide Beteiligten. Da auch das Verlassen seine Unwägbarkeiten hat, erfordert es tatkräftige Entschlossenheit und die Bereitschaft, Risiken einzugehen.

Ein aktives Verlassen ist also auch keine Resignation (»Dann gehe ich eben!«), sondern ebenfalls eine bewusste Entscheidung mit allen Konsequenzen. Will ich den Schmerz der Veränderung ertragen? Bin ich bereit, das Risiko einzugehen, mich in eine neue, unbekannte Aufgabe einzuarbeiten? Diese Fragen sollten auf keinen Fall ausgeklammert werden, sondern ebenso im Fokus der Entscheidung stehen wie das Neue, das reizt und herausfordert.

Alle drei Möglichkeiten eröffnen den Handlungsspielraum, der gestaltbar ist, und zwar aktiv, bewusst und mit aller Klarheit darüber, was es wirklich für mich oder andere bedeutet.

PRAKTISCHER IMPULS

Sie wollen eine Situation verändern. Welche Ansatzpunkte für neues Handeln können Sie erkennen?

Transparenz und Partizipation

Heutzutage ist häufig die Rede vom »Buy-in« als Wundermittel, um alle Mitarbeitenden eines Unternehmens bei der Stange zu halten. Der Ausdruck kommt eigentlich aus dem Pokerspiel und meint das, womit wir uns ins Spiel einkaufen, den sogenannten Einsatz. Wieder einmal ein Begriff, der in seiner übertragenen Bedeutung im Kontext der authentischen Organisation aussagekräftig zu sein scheint.

Wenn wir uns entschließen, etwas zu kaufen – »buy« –, dann sind wir bereit, Geld dafür auf den Tisch zu legen. Wir trennen uns nur mit gutem Grund und nach sorgfältiger Abwägung von unserem Geld, insbesondere wenn es sich um eine größere Summe handelt. Im Poker drücken wir damit unsere Zuversicht aus, das Spiel zu gewinnen, bei einem Einkauf unser Vertrauen in dieses eine ausgewählte Produkt. Selbst wenn wir diese Entscheidung nach Maßgabe von rationalen Kriterien getroffen haben, ist es erforderlich, dass wir auch emotional Ja dazu sagen. Letzteres ist mit dem Wörtchen »in« gemeint. Deshalb ist »Buy-in« das Gegenteil von Distanziertheit.

Wenn wir gleichzeitig mitbedenken, welche Anstrengungen Firmen unternehmen, um Kund:innen dazu zu bewegen, nur ihre und keine andere Marke zu kaufen, dann lässt sich, darauf basierend, sehr schön extrapolieren, was notwendig sein wird, damit Mitarbeitende Ihre Marke »kaufen«, das heißt sich voll und ganz mit ihr identifizieren.

In Zeiten von Arbeitslosigkeit oder einem wirtschaftlichen Abschwung halten wir alle gern schon mal an unserer sicheren Geldquelle fest, aber wenn es genügend andere, womöglich noch bessere Geldquellen gibt, dann fallen die Distanzierung und Entscheidung für eine andere »Marke Arbeitgeber« leichter.

Warum befassen wir uns mit den Themen Transparenz und Partizipation? Weil Transparenz die Voraussetzung für Partizipation ist und weil beides zusammen den »Buy-in« von Mitarbeitenden ausmacht.

Uneindeutige Kommunikation, ungenügende Transparenz von Entscheidungsprozessen, intransparente Kriterien für Beförderungen und Vergütung gehören zu den häufigsten Gründen, warum Mitarbeitende kündigen oder – schlimmer noch – die innere Kündigung einreichen und sich dann auf »Dienst nach Vorschrift« zurückziehen. Für Unternehmen ist Letzteres nicht nur kostspielig, weil sie Gehälter zahlen, ohne eine adäquate Gegenleistung zu bekommen, sondern längerfristig auch riskant, denn eine untermotivierte Mitarbeiterschaft bremst bis zum Stillstand.

Warum eine Mitarbeiterschaft untermotiviert sein soll, nur weil sie nicht mit Informationen versorgt wird, mögen Sie fragen. Die Antwort ist einfach: Mitarbeitende wollen verstehen, warum sie was tun. Sie wollen wissen, welchen Beitrag ihre Tätigkeit zum Unternehmenserfolg leistet und was Erfolg bedeutet. Sie sind umso motivierter, je klarer ihnen ist, welchen Anteil ihr Beitrag am Erfolg ausmacht. Sie möchten aber auch verstehen, warum bestimmte unternehmerische Entscheidungen so oder so ausfallen. Sie wollen zumindest nachvollziehen können, was die Führungskräfte veranlasst hat, nicht alle Facetten einer Situation offen auf den Tisch zu legen.

Es ist eine Wahl, die Sie treffen, und eine Möglichkeit, die Sie sich selbst eröffnen. Wer eine innere und äußere Beteiligung der Mitarbeitenden für das Unternehmen erreichen will, legt Ursachen und Beweggründe offen.

Was bedeutet Transparenz für Ihre Mitarbeitenden?

Um Mitarbeitende zu Engagement und Mitdenken anzuregen, ist es notwendig, sie mit den zu ihrer Tätigkeit nötigen Informationen zu versorgen. Im unmittelbaren Arbeitsbereich ist es selbstverständlich, dass Mitarbeitende die Informationen erhalten, die sie brauchen, um ihren Job auszuüben, etwa das technische Handbuch einer Maschine, die sie bedienen sollen.

Wer erreichen will, dass das Team hinter dem Unternehmenserfolg steht und seinen Anteil zu einem guten Arbeitsklima beisteuert – Buy-in –, braucht mehr als ein Handbuch und die Information zum jeweiligen Arbeitsfeld. Dabei geht es vor allem um Transparenz in Bereichen, die jenseits dieses direkten Arbeitsbereichs liegen. Ein lebendiger Austausch über Fragen von Belang fördert Identifikation mit dem Unternehmen und ist ein wichtiger Baustein für Teamgeist und Wirgefühl. Transparenz ermöglicht die Nachvollziehbarkeit auch unangenehmer Entscheidungen, ist also die Grundlage für Verständnis.

Was bedeutet es für den Arbeitgeber, transparent zu sein?

Ein amerikanisches Hightechunternehmen hat die Berichterstattungshierarchie umgedreht. Hier berichtet nicht nur das Team nach *oben*, sondern auch der CEO (Chief Executive Officer/Geschäftsführender Vorstand), die Vizepräsidenten, Direktoren und Manager nach *unten*. Alle Vierteljahre legen die Vorgesetzten Rechenschaft darüber ab, was sie inzwischen alles angestoßen, erledigt oder vorangebracht haben, und beantworten Fragen. Das verändert die Dynamik und sorgt für eine positive Stimmung. Es kann auch dazu dienen, bestimmte Messages, zum Beispiel »Dieses Quartal müssen wir uns mächtig anstrengen, weil …«, zu platzieren. Firmen wie diese leben davon, dass die besten Ingenieure der Welt gerne bei ihnen arbeiten wollen. Der Optimierung der Firmenkultur – und dazu gehört unter anderem auch die Transparenz – wird daher große Aufmerksamkeit gewidmet.

Transparenz bedeutet nicht, dass man jede Entscheidung schon vorher der ganzen Belegschaft mitteilt und dann abwartet, ob alle einverstanden sind. Transparenz bedeutet, dass Entscheidungen, die das Unternehmen und die Mitarbeitenden betreffen, dokumentiert, begründet und nachvollziehbar kommuniziert werden.

Neben vollständig und eindeutig formulierten Richtlinien zur Personalführung mit klaren Gehaltsstufen, Beförderungskriterien, Bonusregelungen etc. gehört dazu vor allem, unternehmerische Entscheidungen mitzuteilen und verständlich darzustellen, warum sie getroffen wurden.

Dingo: »*Nage* führt nicht, indem er etwas zurückhält, denn das schwächt sein *Ki*. *Nage* führt, in dem er sich öffnet, sich mitteilt und anfassbar macht. Wenn *Uke* keinen Widerstand spürt, fehlt das Ziel, auf das er seinen Angriff richten kann. Das ist nicht die sogenannte Teflonoberfläche, denn wenn

Ukes immer nur abgleiten, beschäftigen sie sich irgendwann mit jemand anderes. Wenn sie jedoch die Erfahrung machen, dass *Nage* plötzlich anfassbar wird, eine Textur offenbart und etwas Besonderes zu bieten hat, dann wandelt sich Angriffslust in Interesse um. Das Überraschende und Bereichernde für *Nage* daran ist, immer wieder neue Möglichkeiten angeboten zu bekommen.«

Mitarbeiterpartizipation herzustellen – also die Einbindung der Mitarbeitenden in bestimmte Prozesse und ihre aktive Beteiligung an Entscheidungen des Unternehmens – verlangt Führungskräften zwei Eigenschaften zugleich ab: Führungskompetenz und Zurückhaltung. Auf den ersten Blick sieht dies nach einem Widerspruch aus, denn Führungskompetenz erfordert Präsenz, Handlungsstärke, klare Ziele. Zurückhaltung bedeutet hingegen, das Team machen zu lassen, viel zuzuhören und Verantwortung abzugeben, diese wirklich an Angestellte zu übertragen. Aus der Sicht der Mitarbeitenden verlangt Partizipation die Übernahme von Verantwortung. Mitdenken und Mitmachen sind gefragt. Je nach Branche oder Abteilung stellt sich die Frage, wie viel Teilhabe möglich und wie weit sie gewollt ist. Ersteres ist eine fachliche und Letzteres eine zwischenmenschliche Frage. In welcher Beziehung stehe ich zu den Kolleg:innen in meiner Gruppe, Abteilung, in meinem Unternehmen?

Partizipation gibt es in der Politik durch Bürgerentscheide und -initiativen. In den Schulen finden wir sie in Form von Schülersprecher:innen und -vertretungen, in Unternehmen existieren Gremien wie die Mitarbeiter:innenvertretung oder der Betriebsrat; eine alternative, nicht formalisierte Form der Teilhabe sind Projektmanagementteams. Allen gemeinsam ist das Ziel einer Teilnahme an Entscheidungsprozessen, denen eine Willensbildung vorausgeht. Wer sich beteiligt, braucht eine Einstellung, eine Meinung, die reflektiert ist und inhaltlich Hand und Fuß hat. Leider ist das nicht immer so, und trotz bester Absichten kommen die Ergebnisse ab und an tatsächlich über Stammtischniveau nicht hinaus. Das lässt selbst Führungskräfte kapitulieren, die der Partizipation einen hohen Stellenwert beimessen.

Dass die Beteiligung der Mitarbeitenden an Entscheidungsprozessen, dass Verantwortung die persönliche Entwicklung und die Identifikation mit der Firma fördert, ist mittlerweile allgemein anerkannt. Auf den zweiten Blick erst wird die Gratwanderung deutlich, die Partizipation von den Führungskräften verlangt. Denn es gibt Menschen, die sich einfach nicht engagieren – ob sie es nicht wollen oder nicht können, lassen wir jetzt einmal dahingestellt; oft mangelt es sowohl an einer persönlichen Entwicklungsbereitschaft als auch an dem notwendigen Impetus für die Identifikation mit dem Unternehmen. Führungskräfte arbeiten sich an diesem Widerstand oder der Passivität ab, was viel Zeit und Energie kostet. Sicher fällt Ihnen an dieser Stelle mindestens ein konkretes Beispiel aus Ihrer eigenen Erfahrung ein. Reziprok zum Energieaufwand kann dann die Motivation, Mitarbeitende zu beteiligen, abnehmen. Wenn Partizipation, Teilhabe und so weiter jedoch im Leitbild verankert und Teil der Unternehmenskultur sind, geht die Gratwanderung weiter, und gelegentliche Abstürze sind vorprogrammiert.

Allerdings ist das Abstellen aller Partizipationsangebote heutzutage auch keine Alternative mehr. Wir wären dann wieder bei einer Art »Oben wird gedacht, unten wird gemacht«. Dieser Führungsstil ist nicht mehr zeitgemäß, letztlich nicht weniger anstrengend und aufgrund des heutigen Bedarfs an Informationen und Expert:innenwissen auch nahezu nicht mehr durchführbar. Diese Option scheidet also aus. Bleibt daher die Frage, wie Mitbestimmung, Beteiligung an den Belangen des Unternehmens gelingen kann.

»So tun, als ob …«, also ein aufwendiges System der Partizipation zu konzipieren, die Führungskräfte im partizipatorischen Führungsstil zu schulen und trotzdem eine andere Agenda zu verfolgen ist mit Sicherheit keine probate Lösung. »Am besten ist es, wenn wir zuvor schon entscheiden, wie wir vorgehen wollen, und dann die Mitarbeitenden in der Weise befragen, dass genau unser Konzept herauskommt. Dann glauben sie, dass sie es selbst bestimmt haben, und wir haben Ruhe.« Dieser Satz ist den Autorinnen wörtlich so untergekommen. Eine ähnliche Haltung ist uns bei Bürger:innenbeteiligungsprozessen in einigen Kommunen begegnet: »Die (Bürger:innen) sollen doch das Gefühl haben, mitbestimmen zu können.« Und auf die Frage, warum sie nicht wirklich mitbestimmen sollen: »Es ist immer so kompliziert, das zu berücksichtigen. Dafür haben wir weder die Zeit noch das Personal.«

Andererseits sind auch die mehr oder weniger hinter vorgehaltener Hand geäußerten Zweifel der Mitarbeitenden wenig hilfreich, die per se unlautere Absichten unterstellen: »Die (Geschäftsführer) haben doch schon klar, was sie wollen. Wenn wir denen dann unser Konzept vorstellen, werden sie uns mal wieder erklären, was eigentlich passieren soll.«

Wirkliche Mitarbeiterpartizipation verändert die gängigen Strukturen. Der Weg führt zwingend über die Auseinandersetzung mit dem Bisherigen zu dem künftig Beabsichtigten. Letzteres ist freilich aus der Sicht des Unternehmens die entscheidende Frage, denn eine echte Partizipation bedeutet, anderen Handlungsspielräume und Entscheidungsbefugnisse zuzugestehen, und das heißt für Unternehmer:innen schlicht und ergreifend: Einfluss zulassen, Kontrolle abgeben, Verantwortung delegieren.

Entscheidend für den Erfolg ist, dass ein Unternehmen darauf vertraut, dass es ihm zugutekommen wird, wenn eine Vielfalt an Überlegungen und Handlungsweisen zum Tragen kommt, und sie – wenn zielführend – auch konsequent umsetzt. Um Partizipation glaubhaft darzustellen, wird es auch nötig sein, Vorschläge, die das Ziel noch nicht ganz treffen, aufzugreifen und weiterzuentwickeln. Die Beschäftigten nur scheinbar mitreden zu lassen, sie Konzepte erarbeiten zu lassen und dann doch etwas ganz anderes umzusetzen mag kurzfristig klappen, wird aber langfristig die Motivation der Mitarbeitenden deutlich verringern.

Die erste und grundsätzliche Frage bleibt also: »Bin ich wirklich dazu bereit, Entscheidungsbefugnisse in andere Hände zu geben?« und beispielsweise ein Projektteam über die Vorgehens- und Verfahrensweise selbst entscheiden zu lassen – und zwar mit allem Drum und Dran: Personalentscheidungen und Budgethoheit bis hin zur Freigabe von Texten und Druckerzeugnissen. Die Erfahrungen der Autorinnen zeigen, dass Führungskräfte, bevor sie Entscheidungshoheit abgeben, lieber auf zusätzlichen Umsatz verzichten, der von mitdenkenden und eigenverantwortlichen Projektteams erzielt werden könnte. Die Entscheidung darüber, Machtverhältnisse zu verändern, stellt traditionell gewachsene gewohnte Routinen auf den Kopf. In der Tat verändern sich in der Folge auch die Hierarchiestrukturen deutlich. Diese Veränderung mit allen Konsequenzen durchzudeklinieren und entsprechend umzusetzen bedeutet einen erheblichen Eingriff in die Unternehmenskultur und den Abschied von den bisherigen Macht- und Entscheidungsstrukturen.

Daraus ergeben sich neue Modelle der Entscheidungsfindung und der Selbstorganisation des Systems. Verständlich ist an dieser Stelle die Frage: »Und welche Modelle der Entscheidungsfindung und der Selbstorganisation funktionieren nun?« Sie ahnen es schon: Allgemein gültige Instrumente gibt es leider nicht. Was es gibt, sind verschiedene Schnittmuster. Was jedes einzelne Team, jedes Unternehmen daraus macht – welcher Stoff, welche Größe, welche Farbe und welcher Stil –, das ist im Kern die Frage der Unternehmenskultur, der gemeinsamen Überzeugung, des Wirgefühls.

Mitarbeiterpartizipation herzustellen beginnt damit, sich mit den möglichen Schnittmustern auseinanderzusetzen und eine Haltung zu zentralen Fragestellungen zu entwickeln. Diese Schnittmuster verändern sich über die Jahre in ihren Begrifflichkeiten, werden der Zeit angepasst und auch durch neue und moderne Tools ergänzt. Methoden wie Agiles Arbeiten, New Work, Design Thinking etc., aber auch andere Organisationsformen wie Holokratie oder Soziokratie als Versuche, die traditionellen Mechanismen zu durchbrechen, sind Indikatoren, dass etwas Neues gesucht wird. Die Erfolgsbilanz der neuen Ansätze ist durchwachsen, wie immer, wenn etwas Neues sich einen Weg bahnen will oder muss. Sicher ist aber, dass sie für einen Aufbruch stehen, der sich durch die neuen Herausforderungen des Umfelds ergibt.

PRAKTISCHER IMPULS

Nachfolgend eine kleine Liste, die als Anregung verstanden werden kann:

* Welche Entscheidungen können vollständig oder teilweise abgegeben werden? *(Erteilung von Mandaten)*

* (Wie) verändert sich dann unser Organigramm? *(Zum Beispiel flachere Hierarchien)*

* Gibt es von anderen Gruppen oder Personen ein Vetorecht? *(Verantwortlichkeiten, Weisungsbefugnisse)*

* Was passiert bei Konflikten?

* Auf welchen Wegen/in welchen Prozessen findet die Kommunikation der Inhalte/Arbeitsschritte/des Sachstandes/der Ergebnisse statt? *(Holschuld, Bringschuld von wem zu wem?)*

* Welche Rollen soll es mit welchem Handlungsraum geben?

* Wie wird die Verantwortung verteilt? *(Rollen in den Teams)*

Glossar

Aikido	*Ai* = Harmonie *Ki* = Lebensenergie *Do* = (Lebens-)Weg
Aikidoka	Jemand, der Aikido ausübt
Atemi	Angedeuteter Fausthieb an eine offene Flanke
Benchmark	Vergleichende Analyse
Beneficial Ownership	Wirtschaftliches Eigentum, wer davon profitiert
Buy-in	»Freiwilliges Engagement« der Mitarbeitenden
Cartesianischer Dualismus	Trennung von Geist und Materie nach René Descartes
CEO	Chief Executive Officer – Geschäftsführendes Vorstandsmitglied
Cogito ergo sum	Ich denke, also bin ich
Corporate Behavior	Verhaltensweisen im Unternehmen; Teil der Unternehmenskultur, -identität
CSR	Corporate Social Responsibility – Gesellschaftliche Verantwortung von Unternehmen
Dan	Schwarzer Gurt, zeigt den fortgeschrittenen Rang eines Aikidoka an
Dojo	Trainingsraum für Aikido (und andere Kampfkünste)
DSGVO	Datenschutz-Grundverordnung
EU	Europäische Union
Greenwashing	Umweltfreundlichkeit fälschlich vorgeben

HR	Human Resources – Personalwesen
Irimi	Auf den Angreifer zugehen
Ki	(japanisch) Lebensenergie
Kohai	Aikidoka mit niedrigerer Graduierung
Managing-up	Vorgang, eine obere Führungsebene für Pläne, Ziele und Aspirationen der eigenen zu gewinnen.
Musubi	Die Verbindung zwischen *Uke* und *Nage*
Nage	Empfänger (der, der angegriffen wird)
NGO	Non Governmental Organisation, Nichtregierungsorganisation
Not-Invented-Here-Syndrom	Abwertung und Nichtbeachtung dessen, was man nicht selbst erfunden hat
O Sensei	Großer Lehrer
ROI	Return on Investment – Rendite
Sempai	Aikidoka mit höherer Graduierung
Tenkan	180-Grad-Drehung, um in dieselbe Richtung zu schauen wie der Angreifer
Tsuki	Offene Flanke
Uke	Angreifer
Ukemi	Hinfallen nach der Technik
VUCA	Volatility, Uncertainty, Complexity, Ambiguity – Unbeständigkeit, Unsicherheit, Komplexität, Mehrdeutigkeit
Whitewashing	Beschönigung, Falschdarstellung von vorhandenen Schwachstellen

Quellenverzeichnis

Bohm, David: Der Dialog. Das offene Gespräch am Ende der Diskussionen. Klett-Cotta, 1998

Chiba, Kazuo, TK. »Sansho«, Sansho: Journal of the United States Aikido Federation Western Region 26, Apr. 1983

Festinger, Leon: Theorie der Kognitiven Dissonanz, Hogrefe, 2019

Gordon, Thomas: Familienkonferenz, Heyne, 1996

Greenleaf, Robert: The Servant as Leader. Neuauflage. The Robert K Greenleaf Center, 1991, OCLC 24918113 (Erstauflage 1970)

Grün, Anselm; Janssen, Bodo: Stark in stürmischen Zeiten. Ariston Verlag, 2017

Holiday, Linda: Journey to the Heart of Aikido: The Teachings of Motomichi Anno Sensei, Blue Snake Books, 2013

»*Journal of Unsolved Questions*« (JUnQ) der Universität Mainz seit 2011

Kant, Immanuel: Werke in zwölf Bänden. Band 8, Suhrkamp, 1977. Erstdruck in: Berlinische Blätter, 1. Jg., 1797, S. 301–314

Mandela, Nelson: Der lange Weg zur Freiheit. Fischer Taschenbuch Verlag, 1997

Precht, Richard David: Künstliche Intelligenz und der Sinn des Lebens. Goldmann, 2020

Schulz von Thun, Friedemann: Miteinander Reden 1 – Störungen und Klärungen. Allgemeine Psychologie der Kommunikation. Reinbek, 1981

Schulz von Thun, Friedemann: Miteinander reden 3. Das »innere Team« und situationsgerechte Kommunikation. Reinbek, 1998

Seneca, Lucius Aenneus: Vom Glück, vom Schmerz und von der Seelenruhe: Eine Auswahl aus Senecas Schriften (Deutsch) Audio-CD – Hörbuch. 1. Oktober 2006, Christian Brückner (Sprecher), Otto Apelt (Übersetzer)

Shazer, Steve de; Dolan, Yvonne et al.: Mehr als ein Wunder. Lösungsfokussierte Kurztherapie heute. Carl-Auer, 2020

Sinek, Simon: Frag immer erst: warum. Redline, 4. Auflage, 2017

Ueshiba, Morihei; Stevens, John (Übersetzer): The Heart of Aikido, Kodansha 2013. Eine gekürzte E-Book-Ausgabe findet sich hier: https://www.ebook.de/de/product/35460630/john_stevens_aikido.html

Ware, Bronnie: Fünf Dinge, die Sterbende am meisten bereuen. Einsichten, die Ihr Leben verändern werden. Goldmann, 2015

Watzlawick, Paul: Menschliche Kommunikation – Formen, Störungen, Paradoxien. 6., unveränderte Auflage. Hans Huber, 1982

Onlineressourcen

Axel Springer SE: https://www.welt.de/wissenschaft/article216773678/ Fruehgeschichte-Affaere-mit-Folgen-So-hat-der-Mensch-den-Neandertaler-gepraegt.html

Baywrischer Rundfunk: https://www.br.de/fernsehen/ard-alpha/sendungen/alpha-forum/walter-gunz-gespraech-100.html

Byron Katie International, Inc.: https://thework.com/wp-content/uploads/2019/03/German_LB.pdf)

Deutscher Naturschutzring: https://www.dnr.de/eu-koordination/eu-umweltnews/2020-wirtschaft-ressourcen/auch-mitgliedstaaten-fordern-europaeisches-lieferkettengesetz/

Deutscher Naturschutzring: https://www.dnr.de/eu-koordination/eu-umweltnews/2020-wirtschaft-ressourcen/europaeisches-lieferkettengesetz-naechstes-jahr-soll-es-losgehen/

Deutschlandfunk Kultur: https://www.deutschlandfunkkultur.de/superfood-als-umweltkiller-die-schattenseiten-des-avocado.979.de.html?dram:article_id=426828

G+J Medien GmbH: https://www.geo.de/natur/nachhaltigkeit/17751-rtkl-alnatura-gruender-goetz-rehn-ich-haette-erwartet-dass-wir-schon-viel

Mitteldeutsche Zeitung: https://www.mz-web.de/wirtschaft/ostseefischerei-in-groesster-krise-37843764

Nachhilfe Campus Katja Geile: https://nachhilfe-campus.de/wp-content/uploads/2018/09/Die-Geschichte-vom-Frosch-und-Adler.pdf

Rechtsinformationssysteme GmbH: https://dejure.org/gesetze/DSGVO/6.html

World Economic Forum: Davos Manifesto 2020 https://www.weforum.org/agenda/2019/12/davos-manifesto-2020-the-universal-purpose-of-a-company-in-the-fourth-industrial-revolution/

World Wildlife Fund: https://www.wwf.de/themen-projekte/meere-kuesten/fischerei/fischereipolitik-in-europa/

X-Prize-Foundation: https://www.xprize.org/Elon

Quellenverzeichnis